泛PM職能的
百萬年薪破關術

職場E人，生活I人的逆襲，
從被動執行到主動影響決策的理想人生

看懂自己，看懂局，讓你的特質成為你的超能力。

李星玟 (Rafeni) 著

碩文化

作　　者：李星玫（Rafeni）
責任編輯：何芃穎

董 事 長：曾梓翔
總 編 輯：陳錦輝

出　　版：博碩文化股份有限公司
地　　址：221 新北市汐止區新台五路一段 112 號 10 樓 A 棟
　　　　　電話 (02) 2696-2869　傳真 (02) 2696-2867

發　　行：博碩文化股份有限公司
郵撥帳號：17484299　戶名：博碩文化股份有限公司
博碩網站：http://www.drmaster.com.tw
讀者服務信箱：dr26962869@gmail.com
訂購服務專線：(02) 2696-2869 分機 238、519
（週一至週五 09:30 ～ 12:00；13:30 ～ 17:00）

版　　次：2025 年 7 月初版

博碩書號：MP22515
建議零售價：新台幣 600 元
ＩＳＢＮ：978-626-414-239-7
律師顧問：鳴權法律事務所 陳曉鳴律師

本書如有破損或裝訂錯誤，請寄回本公司更換

國家圖書館出版品預行編目資料

泛 PM 職能的百萬年薪破關術：職場 E 人，生活 I 人的逆襲，從被動執行到主動影響決策的理想人生 / 李星玫（Rafeni）著. -- 初版. -- 新北市：博碩文化股份有限公司, 2025.07
　　面；　公分

ISBN 978-626-414-239-7(平裝)

1.CST: 職場成功法 2.CST: 專案管理

494.35   114008524

Printed in Taiwan

歡迎團體訂購，另有優惠，請洽服務專線
博 碩 粉 絲 團　(02) 2696-2869 分機 238、519

商標聲明

本書中所引用之商標、產品名稱分屬各公司所有，本書引用純屬介紹之用，並無任何侵害之意。

有限擔保責任聲明

雖然作者與出版社已全力編輯與製作本書，唯不擔保本書及其所附媒體無任何瑕疵；亦不為使用本書而引起之衍生利益損失或意外損毀之損失擔保責任。即使本公司先前已被告知前述損毀之發生。本公司依本書所負之責任，僅限於台端對本書所付之實際價款。

著作權聲明

本書著作權為作者所有，並受國際著作權法保護，未經授權任意拷貝、引用、翻印，均屬違法。

推薦序

自轉職 PM 後，好一段時間最不習慣的是，從過去技術工作者事事明確、回饋快速的成長曲線中，轉變為模糊、難以評估的不確定感。

作者精準掌握 PM 職涯中時常難以明確的部分，從職涯的低潮、軟實力、影響力到團隊，並透過大量落地的測驗跟反思切入，一步步釐清把握現況，並給予清晰的下一步指南。甚至拉長到整個職涯，從薪資、升遷到工作與生活的平衡，都有長遠的策略建議。

推薦不同時期的 PM 都可以定期重新跟著這本書檢視自己，反思自己是不是還在如自己所想的 PM 之路上！

——minw，產品經理

第一份工作是產品經理，我覺得我非常幸運。我覺得 PM 這個角色讓我學會用系統化的方法做事、學會整合客戶的需求以及公司的商業價值。

但是我也必須說，十幾年的產品管理經驗一路走來，踩過的陷阱、流過的淚水（和血汗？）也不少，包含——

你總是可以「做得更多、做得更好」，但是界線不明包攬所有事情又完美主義的結果，就是把自己累死，放不下的心態也容易讓自己變成救火隊隊長，最後把自己燃燒殆盡；另外，產品的成敗如果看銷售業績，有時會有許多無力感，可能是市場因素、行銷因素、業務因素、技術因素、時機因素……，當然也可能是自己看錯了、做錯了，但還是常常懷疑——PM 該如何界定自己的價值？

感謝 Rafeni 從她的經驗出發、結合她自我探索的思考，並加上具體的方法論，陪你一起釐清你的價值與方向，她教你擺脫「救火隊長」的模式，成為「系統設計師」，真正看懂組織的「局」，找到自身影響力位

置，讓你的努力不再白費，同時，她也教你如何打造個人職涯資產，善用 AI 等新工具提升效率，面對時代焦慮。

這本書將引導你放大 PM 職涯的「幸運」，克服各種「陷阱」。它鼓勵我們相信，我們才是自己人生的專家，能夠主動選擇並為自己掌舵。如果你也想活出 PM 的理想人生，我真心誠意推薦這本書！

——Evonne

在我的職涯裡，從工程師的角度出發，總會思考如何讓自己做得更好，不僅是寫出更好的程式碼，更希望能讓產品和團隊發揮更大價值。這本書，正是在這條路上，給我許多啟發的寶藏。

作者最讓我印象深刻的，是她首先教我們如何從「自身」出發，探索可以怎麼做得更好。沒有空泛的理論，而是實際指引你，如何發掘自己的優勢，補足不足，讓每一步都走得更紮實。這點對我來說特別受用，因為工程師也需要不斷進化自己的「產品思維」。

其次，書中對於「團隊合作」的細膩描寫，讓我這個每天與人協作的工程師很有感。它不僅僅是教你溝通技巧，更是深入探討了如何在團隊中建立信任、凝聚共識，讓大家勁往一處使，共同把事情做好。這對我來說，就像找到了一本團隊協作的「武功秘笈」。

這本書也充滿了鼓勵「挑戰自己」的精神。它不只教你現有的技能，更激勵你跳出舒適圈，嘗試那些看起來有些困難，但能帶來巨大成長的事情。就像我最近投入打造自己的自動化測試平台一樣，這過程充滿未知，但也正是實現突破的關鍵。

最後，它更指引我們如何去思考「未來的發展」，不論是個人的職涯路徑，還是產品的演進方向。這讓我能看得更遠，不只是完成手上的任務，而是主動去規劃和創造，讓自己的影響力不只停留在技術層面，更能觸及產品和團隊的未來。

如果你和我一樣，想在職場上更上一層樓，不只專注於自己的專業，也想**擴大影響力，讓工作更有意義**，那麼，這本書絕對值得你花時間一讀。它會帶給你破關的武器，讓你成為自己職涯的最佳推手。

——Mark，資深軟體測試工程師

嗨，我是 Ari！很開心能為我的好友 Rafeni 第二本書寫推薦序。跟她合作很久，我們在產品價值、工作理念、團隊協作上默契十足，她對產品的熱忱與遠見，讓我學習到很多！

這是一本我覺得所有跟 PM 協作的角色都該看的書，它以作者本身多年的經歷，幫助你理解泛 PM 職能的重要，**AI 工具的發展大幅降低了技術能力的門檻，擁有泛 PM 職能也是各角色未來的重點核心能力。**

同時書中也探討如何面對職涯低潮與突破困境，透過行動指南及小測驗的引導，**自我覺察及釐清內在核心價值，避免職場內耗與倦怠，真正發光發熱，提升影響力！**

這本書不僅提供實用的方法，更像盞燈塔，指引你自我探索，釐清職涯方向。真心推薦給所有想在職場成長，並渴望掌舵自己人生的朋友！

——Ari，加密貨幣交易所 MobileTeam Leader

Rafeni 是一個善於成長的人。

認識她這些年來，其實我們很少聚會聊天，但每一次都能聊很深的話題。我們聊職業的道路、聊產業環境、聊自己的人生設計哲學。

每一次聚會，都會發現 Rafeni 紮實的交出每一段人生的成績單。

很少能夠見到如她這般**肉眼可見成長的姿態，奔著未來前進的人。**

Rafeni 是一個溫柔的人。

推薦序

她的這本書，宛如細膩貼心的 PM 成長筆記，將 PM 這份工作的酸甜苦辣以及身心照顧的需求，一一娓娓道來。

很少有人能夠在成為資深工作者之後，還能不忘初心，回頭關照過去的路，留下指引。同時這份指引，還像是一份如何成功扮演 PM 角色的 PRD（產品需求文件）。

既將業界的需求說得清晰通透，又留出了個人的空間，在許多章節留下了自我評估的量表，讓讀者能夠看懂自己的需求。

然而我最喜歡的還是 Rafeni 在書的後半段，留下了一份她的「人生使用說明書」。

她的生命設計原則第一條是：**我不強求未來，但確保自己始終「成長」**。

這也回應了此書的初衷，留下一本關於 PM 們的成長指南，而不是清談灌雞湯。推薦給每一位即將踏上 PM 之路，以及曾經為了這份工作而心力憔悴，沒有好好照顧自己的 PM 們。

——Soking，UX 顧問，十多年 PM 資歷

你是否曾在職涯中遇到卡關、停滯不前的時候？每天的工作忙得焦頭爛額，到處救火的人生，真的是你想要的？如果你想要在職場上發揮真正的影響力，又有哪些關卡需要突破？

如果這些是你在夜深人靜時思考的議題，鼓勵你翻開《泛 PM 職能的百萬年薪破關術》。這不只是一本工具書，更像是一個和你並肩同行的夥伴、一位願意陪伴你成長的導師，引領你看清楚職場的決策系統和局勢、透過實用的方法與工具，協助你釐清自己的定位、提升影響力、打造高績效團隊，更重要的是，他邀請你傾聽自己的聲音、與自己對話，直面自己真實的想法與感受，走出屬於你的職涯之路。

— 曹代，Leadnow 管理顧問公司創辦人與團隊教練、
Hey Coach! 教練我想問 Podcast 主持人

這本書適合找個不受打擾的空檔，誠實地帶著自己的經驗和書裡的提問互動，一步一步跟著作者的邀請，分析自己在職場上到落點和定位。不論是初入職場或是已經工作幾年在思考下一階段到成長和轉換跑道的工作者，作者在書裡都提供了實用的框架和評估問題。

我特別喜歡這本書不只是職場的框架裡談 PM 職涯成長，**這本書的精神其實更是在展現「職涯就是你人生的重要產品」，而身為產品主人的你，應該要如何一步步打造這個產品。**

謝謝 Rafeni 透過這本書誠摯地分享如何把做產品的精神實踐在發展職涯上。帶著打造產品的思維，從 MVP、迭代、優化到趨近理想的職涯狀態。**從書裡的框架，換個思路來看職涯發展，更能跳脫工作幾年被現實磨練後的欲振乏力。**如果你身邊也有那些總是抱怨主管和公司，卻又覺得自己什麼不能做、事情推不動、又不知道能去哪，到頭來不知道是**被公司困住還是被自己困住的那些朋友，推薦這本書給他吧。**

──章雁婷，愛看書的科技業 PM，現居東京

Rafeni 是我心目中的「上進女孩」，剛認識時，她正在修習 UX 設計與網頁前端，即將轉進科技新創圈。在當時的立足點，職涯的北極星落在名為 PM 的座標，她描述過自己分階段升級的計劃。不知不覺，作者成為活躍於社群的資深 PM，持續探索、持續佈局、持續升級。我對作者的**「務實前進 x 永動能量」**一直感到由衷的佩服。

這本書是作者把內心思考流程外顯化、工具化的成果，這本書讓各種瑣碎的自問自答成為有系統的探索之旅。若你也是**不甘於停留於原地**的人，我會推薦你跟著這本書，緊跟每題思考步驟、或是隨興地挑選相關的章節，一路完成你對自身職涯的權衡，將各種零星思考過的碎片，整合成一盤步步為營的棋局。

──Ellen，前 ALPHA CAMP 課程總監

Rafeni 這本書讓我超級有成就感，實在不是名師出高徒，是有高徒真好！（欸人家有想承認）

是這樣的，我寫書的時候，有兩個困境。第一個是因為我覺得我比較有經驗，因此我想告訴你些甚麼，這變成了說教。另一個則是因為我懂很多，所以我想把這些工具全部丟給你，但你不知道該怎麼使用，最終就放棄了。

但我在 Rafeni 這本書裡面沒有看到這兩件事情，我看到的是把工具分段拆解，分段確認，分段執行的用心。以及**他把空間留給你，讓你自由探索的可能性。**

所以這本書我有三個推薦你一定要讀的原因，一是他不只告訴你怎麼做到，而是告訴你他的心路歷程。**比起一帆風順的人生，那些掙扎讓你更覺得真實。**

接著是她給了超多可用的工具，我都想建議她能不能出一份每週每月每年自我提問書了，因為你會發現這需要透過不斷的對話，來讓你更明白自己。（就像她人生的使用說明書一樣）

最後是我覺得**這本書不只寫給 PM**，只要你還想學習，想發揮影響力，想看懂整局，思考著怎麼樣在公司裡更好的與他人協作，你都絕對可以獲得收穫。

不過如果你問我，我最喜歡的是 R 觀點，看到她的觀點後，我覺得比起工具，這更像是**一本「寫給當時迷惘自己」的覺察筆記。**

當你焦慮、停滯、覺得自己很努力但好像沒什麼成就感的瞬間，都可以使用這些探索工具，幫助你往你想要的地方前進。

——張忘形，溝通表達培訓師 / NLP 導師

我和作者有緣成為韶光心理學苑「NLP 專業執行師」課程的同儕，這段緣分讓我有幸於此留下美麗的足跡，甚至，也是記錄著我自己的 PM 職涯。

我也曾是一位 PM，廣泛負責專案與產品，穿梭於政府計畫如 SBIR、SIIR、SBTR，一手執行專案、一手開發產品或建立服務流程，由於公司皆為新創或轉型，所以我幾乎包辦大小事務；對於本書提到的種種情境，我深感共鳴，推薦正在前進的 PM 們，細細品味這段職涯的箇中奧妙。

對於第三章提到 PM 類型，我覺得作者提供的切入點很棒，**我們不只是向內釐清價值、養成職能**，更要評估人際間他我關係、部門間立場，直至這間企業的成長階段，在在皆是職涯發展的各種關卡。另一方面，**對自己來說，想要被滿足的價值又是什麼呢？** 這就是涵蓋我、他我，甚至是內在的我，需用多維度來評估的複雜課題。

最終我突破了設限，自己創業打造命理品牌，過往 PM 經歷成為我創業的養分。PM 無所不包的缺點，頓時成為我的優勢，幫助前來諮詢命盤和職涯的客人釐清各式問題；PM 曾經的茫然，卻是未來創業的禮物。作者則是做到了我做不到的事情，在大家都會探索自我價值、PM 職涯價值的過程中，她用心完成了**一本有架構的著作，幫助更多「曾經的我」**，很幸運，也很感恩世界遇見這樣的作品！！

—— 全非凡，非凡言適所 知適長

這不是 PM 工具書，而是一本「理解自己、照顧自己、再一次出發」的自我教練書。

作為一位陪伴求職者、轉職者、以及中階主管進行職涯探索與策略轉換的職涯教練，我看過太多人以為**自己只是在職涯或是生涯遇到「卡關」，實際上是「失去了主導權」**。他們告訴我：「我不想只是被分配任務，而是想要真正能夠主導自己的職涯。」而當我讀完星玫這本《泛 PM 職能的百萬年薪破關術》我忍不住想說，這真的是一本「很 PM 的書」，但同時也遠遠超越了 PM。

星玟和我是在韶光心理學苑-助人工作者 NLP 國際認證班的課堂上相識，當星玟跟我分享她的這本新書，真的非常開心，也很榮幸寫推薦序，我在文字中感受到了星玟對於人的重視，這本書很容易閱讀，像是一位**溫柔且充滿支持的教練，跟你對話、帶領你一步步自我梳理與盤點**。

這是一本很有結構的職涯地圖

用 NLP 的理解層次來說（書裡面也有提到這個概念），這本書從「行為」出發，探索「能力」，然後慢慢深入「價值觀」與「認同」的核心。在許多看似是職場任務的討論中，其實都隱藏著一個個提問：我為什麼會這樣想？我究竟在乎什麼？這不只是「**PM 該怎麼做**」，而是「**你，想怎麼當 PM**」。如同我合作過的 PM，總能一個步驟一個步驟地帶領你逐步梳理，讓你對自己的目標與達成目標的做法逐漸清晰。如同我在陪伴求職者、轉職者在進行職涯規劃時，也是從興趣、能力、價值觀進行職涯地圖的探索。

PM 是一個容易卻不簡單的任務

容易的地方，是 PM 能將複雜的事變得清晰、變得有邏輯，經過 PM 的梳理，你會發現原本很難很複雜的事，看起來變得容易理解許多。而不簡單的部分，則是 PM 在那一場又一場的對焦、溝通與協作中，如何探尋出每個人的正向意圖、看見需求背後的需求。而這，也正是職涯教練每天都在做的事。星玟把這件事寫得**真實、真誠，毫不包裝**，卻又充滿力量。

星玟是位看似重視「事」，實則非常在乎「人」的人

書中充滿了她對自己、對他人、對職場系統的深度觀察與溫柔解讀。她在反覆探問：「這真的對我有價值嗎？」的過程中，也默默示範著如何活出屬於自己的選擇。在第二章更談到了 PM 的內耗、低潮，再帶領你突破困境。就像 NLP 的假設前提：「每個人都已經擁有讓自己成功快樂的資源」，這本書的每一章節，都在幫助你找到那些資源。

這是一本能陪你走過職涯轉捩點的「對話書」

它不是速成的技巧清單，而是一本你可以邊讀邊對話的書，在閱讀的過程中，彷彿星玟在與我對話，讓人靜下心思考：這件事的意義是什麼？最重要的是什麼？我想要的是什麼？我真的在乎的，又是什麼？這些問題，就是轉職過程中最關鍵的定位器、GPS。

這是一本職涯主導權的重建手冊

從迷航、懷疑、自我質疑，到重新拿回主導權，這本書不是給你一條標準答案的路，而是像個溫柔又務實的教練，陪你找出多種可能性，擴展選項，就像 NLP 的信念：「凡事必有至少三個解決方法」。

如果你曾經為了團隊燃燒自己、曾懷疑這條 PM 之路是否值得、曾在某一場會議後靜靜問自己：「我還想繼續嗎？」那麼，這本書將陪你一起走過那段迷惘，也許，這正是下一次職涯成長的起點。推薦給想要成為 PM、已經是 PM、正在考慮要不要繼續當 PM 的你。即使你不是 PM，把「PM」置換成各種職務角色都是非常適合的。

人生沒有「準備好」的那一天，職涯與生涯都是。但，總有「再出發」的那一刻。

而這本書，就是為那一刻而寫。

——Ginny 楊珮君，療癒系職涯規劃師，
曾任上市櫃電商平台客服總監暨營運總監

序

轉職了，然後呢？從迷航到主導：如何翻轉劣勢，打造百萬年薪資產

人生中最令人興奮的時刻之一，大概就是拿到新工作 offer 的那瞬間，或剛開始入職，我們覺得自己要再次開啟更美好的未來。

你有沒有過這種時候呢？不論是上班路上的車水馬龍，是路樹的光影，還是下午時刻，從辦公室往窗外看去的夕陽，心裡滿是愉悅與成就感。相信自己正處於某階段職涯的高光時刻，做的都是喜歡的事情，看到自己有一些影響力，相信一切將會變得更加順利──更多的機會、更多的挑戰、更高的薪資、更快地成長。

然後突然某一天，你可能會發現，還有一些考驗，現在才準備開始。

此刻，本文先不糾結 PM 是指「產品」還是「專案」經理，也先不論是不到 10 人的新創公司，還是大到數千人、在某個產業 Top 10 的全球公司。這一本書談的是泛 PM 角色的職場困境與迷惘，如果你在工作上，常是需要統籌的角色，如果你很有 ownership、常會不自覺用力過多、付出過多、也不時懷疑自己做那麼多到底為了什麼的心情？那麼，這邊請，這本書，歡迎你/妳直接對號入座。

作為 PM，我們是掌舵手、是橋樑、也像是站在風暴的中心，一邊要向上與決策層溝通，確保策略正確，一邊要向下激勵團隊，讓所有人願意為共同目標努力。

身邊的同事，各種角色都有，工程師、設計師、客服、行銷、業務、財務、其他 PM，你知道如果要做出偉大的產品，每一個環節都如此重要。而我們的工作，像是一條無形的線，試圖把這些不同角色串在一起，確保所有人朝著同一個方向前進。

但如果有一天，線，斷了，該怎麼辦呢？

當團隊士氣低落，專案進度卡住，當所有的會議變成了無休止的拉鋸戰。我們心裡清楚，有些事情是我們無法控制的，但仍然感受到莫名的責任感，甚至壓力。

就像，我也曾無數次懷疑自己：是不是我不夠強大？是不是我做得還不夠好？這真的是我想要的職業嗎？我的價值，真的好好展現出來，也被看見了嗎？

想要做點什麼改變，卻又擔心換了工作，問題會不會還是相同？本來以為很了解自己了，卻逐漸開始猶豫、感到不清晰，自己究竟想要什麼？

這本書，就是在這些懷疑與成長之間誕生的。

這不是一本「如何成為 PM」的入門指南，不像上一本書分享如何轉職，也不像是坊間有很多很棒的產品經理、專案管理或是 Scrum 等書籍。這是一本關於自己，也關於身邊遇到過讓我尊敬或是同理的 PM 們的反思，這是給**已經走在這條路上，曾經意氣風發，如今卻感到迷惘、不安，甚至質疑自己的 PM** 們的分享。我想透過這本書，讓你知道──

你並不孤單。

我們都曾經歷過停滯期，都曾在跨部門溝通時受挫，也都曾站在會議室裡，努力讓自己的聲音被聽見，卻還是被埋沒。我們都曾跌倒，也曾耍廢擺爛一下，同樣的，也是那股支撐我們一路走來的意志力，讓我們永遠比跌倒的次數，再多爬起來一次。

這本書不只是關於「如何做好 PM」，更是關於「如何讓身為 I 人的自己，也能舒服地當 PM」，如何在影響團隊、帶領產品的同時，仍然保持內在的穩定與成長。這是一本，關於「選擇」和「自我探索」的書。

為了更了解自己。

同時，在這本書我也要分享，我是如何讓自己加薪 420% 以上，從剛轉職，到現在成為百萬年薪的 PM。當然如果跟數百萬或是千萬年薪相比，還有一大差距，但沒關係，我先跟自己比，想分享的是，更加成長的、一路過來不容易的自己。

這本書，除了集結了我個人從 20+ 出社會到現在 30+ 的心得之外，也集合了不同 PM 好友的經歷。所有案例都透過去識別化的方式，分享其中的心得。

我們會借用教練及 NLP 的技能，透過很多提問與個人視角分享，從「個人目標、價值觀」談到「外在環境（包括人事物）」，包括：

- 第一、二章，先往內心深處提問，循序漸進、一層一層挖出最底層的、可能自己也沒發現的需求。當然，你可能會發現，多數是你一直都知道，只是在忙碌的生活中，突然忘了。
- 第三、四章，是向你的專業能力提問。
- 最後兩章，則是一起討論，如何帶著籌碼掌握更多主導權，或是突破困境，開展新的跳躍。

核心都是想探索，面對未知與瓶頸：

- 哪些提問，可以啟發自己有更多維度的思考？而不僅是單一面向的鑽牛角尖？
- 有哪些思考框架或是案例可以參考？
- 面對同一題，還有哪些不同可能性？
- 在可見的短中長期，要妥協、適應，還是改變或突破？
- 要留在舒適圈，還是轉換不同環境？

我相信，沒有兩個人的個性、想過的生活、適合的解法是完全一樣的，因此這本書，**更想討論的是「可能性」而不是「標準答案」**。我們不會在這裡獲得正確答案，即便有什麼觀點，也是屬於這本書，作者當下的觀點，但未來仍可能會變。這裡不會告訴你，哪個選擇一定是對的，但會很真誠地與你分享，一路以來的思考與學習。

除此之外，你/妳才是人生的專家，真正適合你的答案，只有你自己才知道。人生永遠沒有準備好的那一天，對吧？那我們現在就開始吧！

建議閱讀方式

本書包含許多深度提問，這些問題可能需要時間思考與消化。這本書不求快速看完，而是讓你看完後的每個選擇都更有意識。為了讓閱讀體驗更順暢，有兩種服用建議：

1. **跳著讀**：不一次讀完，而是根據自己現況，選最相關的章節閱讀。
2. **分 6 週閱讀**：每週讀一個章節，慢慢思考、記錄自己的選擇與轉變。

聲明

本書所有內容皆為多位 PM 經驗經過抽象整理或去識別化的反思與觀察，當與不同 PM 聊天，我總驚喜於有些人會有不同想法，也訝異於彼此際遇或觀點的接近。共同的是，我們都更傾向在乎事件與現象如何啟發我們，更深層探索自己。

在我不同階段的職涯發展中，受到許多同事、主管與團隊夥伴的啟發與支持，也正是這些過程形塑了我今天的思維與經驗。這本書，不只是紀錄個人成長，也包含我的感謝與致意。

希望這些提問、對白，能讓此刻迷惘或需要的讀者，尋找出屬於自己的答案。

CONTENTS

第一章 迷航的開端──
為什麼越努力，卻越迷惘？

第一節：回顧初心，回想快樂的來時路：當初的興奮與期待　4
第二節：當職涯不再讓你興奮，問題可能出在哪裡？釐清職涯卡關的真相　9
第三節：如何重新找回方向？先釐清自己的價值觀／信念　15

第二章 低潮期的挑戰──
PM 為什麼容易「燃燒殆盡」？

第一節：為什麼越做越多，卻越來越累？　33
第二節：隱性停滯──PM 為什麼容易陷入「雜務陷阱」？　41
第三節：如何突破「停滯型 PM」困境，重新塑造個人成長機會？　57

Photo: Designed by Freepik

第三章 讀懂「局」，才不會白忙──何時該適應，何時該改變？

第一節：為什麼做了很多事，卻沒有影響力（個人層級）？　71
第二節：為什麼我過往的成功經驗，在這裡反而行不通
　　　　（個人 vs 組織層級）？　76
第三節：老實說，公司需要的是產品經理，還是專案管理者
　　　　（組織層級）？　84
第四節：讀懂組織的決策層級，找到自己的影響力位置　96

第四章 如何突破現有困境，打造目標導向的高效團隊

第一節：認識自己的團隊現況　120
第二節：如何讓團隊從「執行任務」，轉變為「目標導向」？　136
第三節：不只是「推動進度」，而是「建立運作更順暢的機制」　149
第四節：讓團隊不只是執行，而是共同承擔結果，並有效管理衝突　161
第五節：如何讓主管看到你的升級潛力？　169
第六節：建立跨部門信任的三大策略　177

第五章　如何談薪、晉升，突破職涯天花板？

第一節：為什麼你以為有些人能力不如你，卻薪資更高、晉升更快？　181
第二節：公司內部的晉升機制——你真的知道老闆在乎什麼嗎？　184
第三節：如何準備談薪？——薪資結構與市場行情解析　186
第四節：談薪的策略與實戰技巧　190
第五節：如何打造自己的「職涯資產」，確保薪資與職位持續增長？　196

第六章　職涯的轉折點——該離開，還是留下？

第一節：為什麼你開始想離開？是真心，還是逃避？　204
第二節：決定前，真的看清楚自己的選擇了嗎？　211
第三節：決定離職後，如何確保下一步更好？　217
第四節：如何提出離職，優雅轉身？　224
第五節：PM 面試演練　234
第六節：新工作選擇——決策權評估量表　242
第七節：換新工作了，然後呢？——把握 90 天黃金期　244

Photo: Designed by Freepik

終章 ▎職涯，不只是選擇工作，而是選擇一種生活方式

第一節：你想成為什麼樣的人？有甚麼樣的生活方式？　252
第二節：超人會飛，也需要停一停歇，豐富支援系統，才有力氣飛得更久更遠　254
第三節：善用 AI 及工具，提升個人與團隊的工作效率　259
終節：是當前狀態的終結，也是新的起點。你最想要的下一步是什麼？　292

附錄 ▎AI Side Project 分享

Part I：因迷惘與低落而生的　298
Part II：因跟人吵架吵輸而生的　302
Part III：因為身邊有人被詐騙而生的　308
Part IV：其他：因為想在 Threads 放作品連結而生的　311
Part V：其他：因為買太多小 NFT 而生的　313

第一章

迷航的開端──
為什麼越努力,卻越迷惘?

> 像是一場長途旅行，走到一半，卻開始懷疑目的地。

你是否有過這些感受？

- 明明很忙卻沒成就感
- 像只是把別人的需求落地，卻不知道這有什麼意義
- 不確定自己是否還熱愛這份工作

如果以上任一條符合，那你很可能正走在 PM 的迷航期，這是一個常見的 PM 職涯困境：

我們曾經滿懷熱情，卻在無止境的工作流轉中，逐漸迷失方向。

本章將與你一起：

- ◆ 回顧自己的職涯起點，思考「當初為什麼選擇這條路？」
- ◆ 找到自己迷失的原因―是環境影響？還是對自己的成長方向不確定？
- ◆ 開始覺察自己的職涯現狀，重新找到「核心動力」。

在開始進入正題點，邀請你先一起做個小測驗。

📖 小測驗：「迷航期自評工具 —— 我現在處於 PM 迷航期嗎？」

請針對以下問題評分，0 分（完全不符合）到 5 分（完全符合）

問題	0 不符合	1-2 部分符合	3-5 完全符合
我最近總有莫名的情緒低落，身體突然開始容易生病（但以前不會如此）			
我想不到上一次在工作上感受到成長是什麼時候（或是已經是半年以上了）			
我覺得自己每天都很忙，但不知道自己真正的影響力在哪裡			
我感覺自己只是「處理重複發生的事情」或是處理其他工作，而不是「做好產品」			
我開始不確定自己是否還適合這份工作，或環境			

- ✓ **總分 0-6**：你仍然對 PM 這條路充滿熱情，恭喜你，繼續努力！

    總分 7-15：你的內心可能已經開始質疑這份工作的價值，警訊響起，值得反思。

    總分 16-25：你已經進入迷航期，緩一緩，停一停。需要重新調整職涯方向。

如何運用這個測驗？
- 停一停，透過這份測驗更有意識地面對自己的狀態
- 帶著測驗結果，往下思考和閱讀後面的章節

第一節

回顧初心
回想快樂的來時路：
當初的興奮與期待

> 你還記得，當初決定當 PM 或選這家公司時，最期待／最想獲得什麼嗎？
> 現在的你，有拿到當時想要的了嗎？

新工作、新同事、新環境甚至是新產業，總讓人感到興奮！每天跟不同人互動、學習不同知識、參與各種決策會議、解鎖新的技能，總感覺多出了許多的可能性。

最有成就感的，不外乎：

✓ 看到產品數據表現的進步、獲得用戶的肯定。

✓ 在有外部壓力、同時緊迫盯人的時程下,跟團隊一起完成一個重要的專案。
✓ 發生緊急狀況時,能夠與團隊一起迎刃而解。
✓ 發生溝通糾紛或是阻礙時,因為有自己的加入能更加順暢。

不知道你是否也這樣想過?PM 的角色讓人有自己站在舞台中央的錯覺,能夠影響產品、團隊、甚至影響整個組織(尤其是當你的主管總是支持你,且他對團隊也有影響力時)。

那時候,每個問題的解決都帶來一種莫大的滿足,像是連續破關的遊戲,每一次克服困難,都讓人更有信心。甚至開始相信,這就是自己一直追求的工作模式,一個不斷學習、持續突破的旅程。這一切看起來,似乎很美好,對吧?但當時間推進,不論是自己或是環境開始出現了一些變化,過去不曾想過的問題開始浮現,讓我們不禁開始反思……

當時的選擇,還適合現在的自己嗎?還是,這條路曾是當時最好的選項,但現在已經不再適用了呢?

有時候,不見得是環境哪裡不好了,

每個人在人生不同時期,本就有不同優先順序、不同追求,這很正常。

這時候，讓我們需要先扮演一下**名偵探柯南（或是福爾摩斯）**，細細去找出那些蛛絲馬跡。

當初為什麼選擇這條路？現在的我，在這環境，是否還能有所獲得？

行動指南 (1/3)：回顧你的「初心」

如果你願意，把這些答案寫下來，你會對自己有全新的理解。回顧你當初選擇這條路的理由：

❓ 步驟 1：回想你當初選擇 PM 這條路的目的與「願景」，當時的你，希望 3 年後的自己，以及最終的自己，有什麼樣的職業發展、成為什麼樣的工作者呢？

請填寫你的答案：

_____
_____
_____
_____
_____
_____
_____

❓ 步驟 2：到現在，你的期待是否相同？為什麼？

請填寫你的答案：

_____
_____
_____
_____

❓ 步驟3：你覺得自己有朝著「當初想要的職涯方向」前進嗎？為什麼？
請填寫你的答案：

_____
_____
_____
_____
_____
_____
_____

R / 觀點

回想一下，當初為什麼選這條路？以我自己為例，我的轉職策略可能是：

在第一階段，先拿到入場門票
- ✓ 了解怎麼入場，要具備什麼能力
- ✓ 學習軟體工作的專業術語，學怎麼跟不同職能合作
- ✓ 探索這樣的工作性質是否適合自己

在第二階段，跳到更好的薪資環境
- ✓ 想要有更好的薪資
- ✓ 想要學習如何跟更大規模的組織共事

在第三階段，提升自己的高度與格局
✓ 往全球企業發展或
✓ 跳到 FANG 等大廠
✓ 在 AI 時代可能探索自己創業的可能性等

不是每個人都是這樣的過程，有些人可能不同，是用跳的，或是其他方式切入，只要是自己設定的，都很好！

走到現在，我可以說，我從沒有後悔過自己的職涯決定。

那，如果對於當時的選擇仍然是認同且沒有後悔的，為什麼在某一刻，還是會感到迷茫呢？

當腦中開始有這些提問，代表「**迷航期**」的啟動。後來發現，這不一定是壞事，因為迷失的感覺，或是身體突然開始有些未預期的反應（例如莫名的低落、突然開始小感冒等），可能都是一些訊號，提醒我們是時候停一停，思考一陣子沒思考的關鍵問題，也是我們即將再次破繭而出的前兆。

當我們理解當初的選擇，再來看看現在的狀態，就更容易找出那個「失焦點」。到底，心裡那股掙扎、不舒服，可能來自哪裡？將是我們下一章節會討論的。

第二節
當職涯不再讓你興奮,問題可能出在哪裡?釐清職涯卡關的真相

> 你還記得上一次,因為工作而感到真正開心的時刻嗎?

「當我轉職 PM 時,覺得這是一份能改變世界的工作。」

- 我想打造對使用者有價值的產品,想參與策略決策,想做影響力大的人。
- 我期待 PM 能主導產品方向,能「定位問題,找到最適解」的角色。這可能是很多人的心聲。

PM 這條路,本就是一個充滿挑戰與成長的旅程,我們早就知道了,不是嗎?但為什麼,很多 PM 做久了,卻開始感覺:

- 對工作失去熱情,覺得每天都在「處理事情」,而不是「推動改變」。
- 被需求推著走,而不是自己定位問題、設計產品方向。

- 變成「高級協調者」,而不是「產品決策者」。

PM 的工作節奏很快,很多 PM 朋友都有跟我分享過,感覺自己陷入「任務完成導向」的模式時,很容易忘記反思自己是否還在朝著理想的職涯方向前進。

幾年過去,發現自己越來越像個「打雜高手」,每天忙著處理需求、排期、溝通,卻少了當初那種興奮感……?

行動指南 (2/3):分析現在的「痛點」

列出以下內容,找出你「不再熱血」的關鍵原因:

❓ 過去一年,讓你最有成就感的 3 件事。

請填寫你的答案:

_____
_____
_____
_____
_____
_____
_____

❓ 過去一年,讓你最疲憊、最懷疑自己的 3 件事。

請填寫你的答案:

_____
_____
_____
_____

_____
_____
_____
_____

❓ 這些疲憊或懷疑自己的時刻，所發生的規律或根源是什麼？

請填寫你的答案：

_____
_____
_____
_____
_____
_____
_____
_____
_____

❓ 哪些是可控的，哪些是不可控的？為什麼？

可控的

_____
_____
_____
_____
_____
_____
_____

不可控的

❓ 如果有誰，或是什麼單位做出什麼樣的改變，結果可能會有所不同？同時思考，為什麼你會提及他們？

請填寫你的答案：

❓ 如果關鍵人物或體制沒有改變，如果短期內不離職，針對你可控的，可能有哪些方式，可以達到同樣目標？你可以如何調整工作模式？(A)

請填寫你的答案：

_____

_____

_____

_____

_____

❓（最後寫）看完整本書後，你是否有什麼不一樣的想法？(B)

＊本題先保留，建議看完整本書再填寫，屆時可前後對照 A&B 有何不同，或許會有新的啟發。

請填寫你的答案：

_____

_____

_____

_____

_____

_____

_____

R / 觀點

前面章節的目的，並不是要立刻做出改變，而是希望能觸發思考，幫助自己**有意識地選擇下一步**。在這一刻，我們先不著急想解法，而是先繼續挖掘自己內心深處的想要。

若你在前面測驗中得分較低,說明你仍有熱情,但仍可透過本節提問確認方向是否清晰;若得分較高,則可進一步調整。

每一次的反思,都是蛻變,或是刺激重新選擇的機會。

下一節,我們將一起探索:**如何重新找回方向。**

第三節

如何重新找回方向?先釐清自己的價值觀/信念

> 如果現在的職涯狀態,讓你感到迷失,那麼,該如何重新找回自己的核心動力?

你知道,你的價值觀與信念,可能比你想像中更加影響你的道路,以及快樂與否嗎?

在我其中一段迷惘、不確定自己想要什麼的時期,我知道,當下的自己的認知與視野,是無法產生出新的思路。**於是我開始「往外學習」。**

在我人生不同階段的低潮時刻,都是靠這種方式突破的,而每一次,確實都洗滌了我的認知,也有不一樣的體悟。

其中一個課程,是我在上韶光心理學苑的「NLP 程式語言學──助人工作者」,這堂課是由心理師許庭韶老師、寫過《順勢溝通》並獨創知名

「忘形流」簡報的張忘形老師，以及韶光心理學苑執行長彭彥翰老師共同開課，也是讓我受用一生的課程之一。我在這堂課中，很大程度的療癒自己，更加認識自己，並更有力量繼續往前。

課程中，有一些很重要的觀念，大概是這麼說的（以下加入個人理解）。

「沒有兩個人是完全一樣的」我們人會做出很多的行為，都是從自己的認知與觀點出發的。有些決定，別人看起來不解，但對當事人來說，背後一定有我們所不知道的正面意圖，使得他做出這個決定，或有這個行為。有可能，是你眼前看得到的利益，也有可能，其實對方當下是在保護過去經驗的，或者原生家庭的自己。

沒有人會故意想把事情做不好，他的動機與情緒一定不會有錯，只是行為有無效果。一個人不能改變另一個人，不要拿自己的認知套用在別人身上。

但同樣的，當覺得環境或是觀念不適合，自己也不用硬撐。沒有對錯，沒有失敗，人生路很長，我們隨時可以突破自己固有的疆域。

還有個框架稱之為「理解層次」，分別為：精神、身份、價值觀/信念、能力、行為、環境。

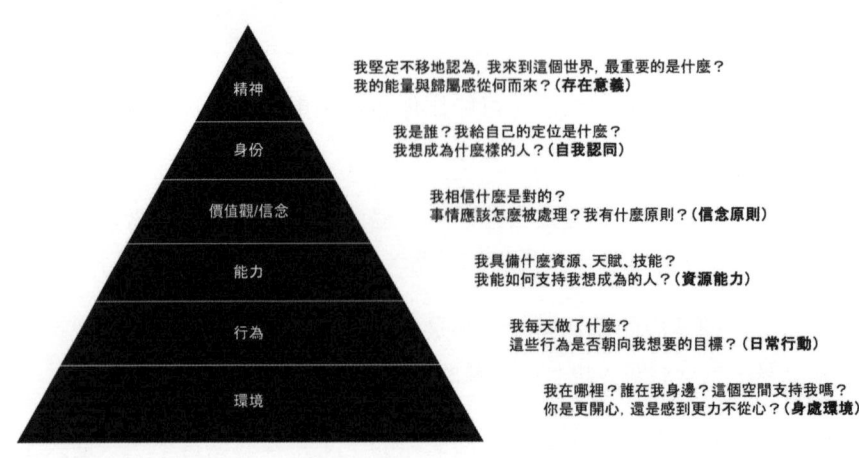

這六層,是息息相關的,我們看得到的行為與環境,都已經是一個人或者多個人相互運作下的結果,背後看不到的,就是他的精神、身分和信念價值觀。通常,一個人會快樂,是因為他的上下三層是一致且契合的,反之,一個人會不快樂,也可能是自己也沒發現,上下三層的衝突或者不一致。**這個理解,在當時幫助我突破了自己的盲點,也終於看見自己的低潮背後的核心原因!**

這樣說可能還是有點抽象,我們簡單舉個例。首先是**對話組(A)**。

> **場景**:小芳是一位全職母親,育有兩個年幼的孩子。她感到疲憊,認為「因為我是一個母親,所以我必須為孩子與家庭犧牲奉獻」,卻開始質疑這是否正確。她與一位教練展開對話,探索內心。
>
> * * *
>
> **教練**:小芳,謝謝妳來分享。聽起來妳最近有些疲憊,能否說說妳心裡的感受?
>
> **小芳**:我一直在為家庭付出,為了孩子和丈夫,但好像失去了自己。我常覺得,因為我是母親,就必須犧牲奉獻。可有時候,我會想,這對嗎?
>
> **教練**:這句話聽起來很重要。讓我們從深處開始——妳覺得,這樣的付出,背後最大的意義是什麼?對妳來說,什麼是最重要的事?
>
> **小芳**:我想是愛。我希望孩子和家人感受到愛,過得幸福。這是我想要的。
>
> **教練**:創造愛,這很動人。這讓妳覺得有力量,還是偶爾有壓力?
>
> **小芳**:有時候有力量,但也壓力很大,覺得不能停下來。
>
> **教練**:明白了。妳說「我是母親」,妳怎麼看這個角色?在妳心中,「母親」是什麼樣的人?

小芳：母親就是無私，把家人放第一。我覺得自己得是「全能媽媽」，什麼都要做好。

教練：全能媽媽，聽起來很強大。這角色讓妳感到自由，還是有些束縛？

小芳：有時很值得，但有時覺得沒自己的時間，像被綁住了。

教練：謝謝妳的坦誠。當妳說「我必須犧牲奉獻」，妳為什麼覺得這是應該的？背後的信念是什麼？

小芳：我覺得好母親就該這樣。我媽以前也為了我們放棄很多。如果我不這麼做，好像就不夠好。我也相信多付出，孩子未來會更好。

教練：這個信念推動了妳很多行動。它總是幫妳，還是偶爾讓妳覺得是重擔？

小芳：它讓我堅持做很多事，像準備晚餐、陪孩子。但有時我覺得困住自己，因為我不敢說「我想休息」。

教練：妳已經很用心了。妳覺得自己有哪些本事，讓妳能扮演好這個角色？有沒有什麼想多學一點的？

小芳：我很會安排家務、照顧孩子，也能懂他們的情緒。但我不會放鬆，也不太會跟丈夫說我想他多幫忙。

教練：妳已經有很棒的本事。放鬆和溝通是可以學的。實際上，妳都做了什麼來體現「犧牲奉獻」？有沒有什麼想調整的？

小芳：我每天早起做早餐、忙家務、陪孩子，週末放棄畫畫帶他們出去。我沒什麼自己的時間。有時會抱怨，但又覺得不該。我想留點時間給自己，但怕忽略家人。

教練：聽起來妳付出很多。妳的環境——家人、朋友——是怎麼影響妳的？他們支持妳，還是讓妳更累？

> 小芳：孩子很依賴我，我覺得重要，但也停不下來。丈夫忙工作，會說我辛苦，但很少幫忙。婆婆說「當媽的就該這樣」，讓我不敢喊累。朋友都聊孩子，沒人聊自己。我覺得環境讓我必須一直當全能媽媽。
>
> 教練：謝謝你敞開心扉。你有這麼深的愛，卻也承擔很多。我們可以從哪裡開始，讓你覺得更輕鬆、更快樂？
>
> 小芳：也許是重新想想「好母親」是什麼。我不想放棄愛家人，但也想相信，照顧自己沒錯。
>
> 教練：這是個好起點！想試個小實驗嗎？這週給自己30分鐘做喜歡的事，比如畫畫，看看感覺如何？
>
> 小芳：好，我想試試。也要試著跟丈夫談談分擔家務。
>
> 教練：很好！下次我們可以聊聊結果。你覺得呢？
>
> 小芳：謝謝，我覺得有點希望了。

這可能比較偏向常見的教練引導，從這段對話可以得知，從小芳的陳述出發，我們可以逐步挖掘「小芳當下」的六個層次可能的內容：

- 精神：小芳的使命是創造愛和安全的家庭。
- 身分：她將自己定位為「全能媽媽」，既感到驕傲又有些受限。
- 價值觀/信念：她相信好母親必須犧牲奉獻，這推動她的行為，但也帶來壓力。
- 能力：她擅長組織和照顧，但在自我照顧和溝通方面希望成長。
- 行為：她全心投入家庭事務，但希望留出個人時間。
- 環境：家庭和社交環境強化了她的角色，但也讓她感到壓力。

對於上述對話，你有什麼感受，感覺自己更偏向故事中的哪一個角色呢？

同時，如果我們再換個方式，**另一種提問法（B）**，也是我想分享的，為什麼理解層次的提問對我有幫助的地方。

環境層─身處環境

- 妳目前所處的家庭、伴侶或社會環境,是否鼓勵妳表達自我、照顧自己?
- 妳有沒有一個屬於自己的空間或時刻,是讓妳回到「我只是我」的狀態?
- 有沒有可能認識更多有這樣想法或類似經驗但已經克服的媽媽,了解她們是怎麼過來的呢?

行為層─日常行動

- 妳每天的時間都怎麼安排?哪些事情是為了家人?哪些是為了妳自己?
- 當妳說「犧牲」,實際上做的是什麼?妳有沒有什麼行為,是希望可以慢慢調整的?
- 如果能讓你感到「不犧牲」,可能的方式是什麼?哪些是你可控的?

能力層─資源能力

- 在妳日常生活中,妳有哪些能力其實能同時照顧家人,也讓自己被滋養?
- 妳是否曾經發現,妳的某些才能(例如組織、創造力、直覺)其實在母親角色之外也能發光發熱?

信念層─信念原則

- 妳認為「好的母親」就應該犧牲奉獻,這樣的信念從哪裡來?是妳從小的家庭經驗?還是社會文化的影響?
- 妳有沒有想過:如果有一天妳也可以不犧牲自己,依然是一位很棒的母親,那會是什麼模樣?

身分層─自我認同

- 除了是一位母親,妳還是誰?妳希望孩子長大以後,怎麼描述妳是個怎樣的媽媽,或是一個怎樣的人?

- 這個「奉獻者」的角色，是妳主動選擇的嗎？還是源自於別人對妳的期待？

精神層—存在意義
- 妳覺得，作為一個母親，是妳這一生最核心的使命嗎？妳來到這個世界，是為了完成什麼樣的召喚或意義？」
- 除了母親的角色之外，還有沒有其他讓妳感受到能量湧現的源頭？

有沒有發現兩者對話組的不同？對話組（B）更像是 NLP 執行師會有的對話。這有兩個核心關鍵：

- 提問的人，相信小芳原先就有讓自己能過得更快樂的資源與能力，因此是透過對話幫助小芳回想或思考。
- 小芳一開始認為自己是個媽媽，因此就應該如何，但如果這真是小芳的精神和自我認同，為什麼她還會感到不快樂？有沒有可能，這個信念價值觀是別人或是社會給予的，而不是她自己深層次想要的？那她想要的是什麼？就是值得支持當事人思考的。

回過頭來，我們也是。**當 PM 久了，會進入自動導航模式。**需求來了，我就拆解、排期、找人做。團隊有問題，我就去協調、去解決。**這些是因應環境產生的行為。**

但我很少停下來問自己：這真的是我想做的嗎？我後來才發現，這就是疏於沉澱與思考、對照自己價值觀 / 信念與環境之間關係的副作用。

我們從小到大，可能可以很輕鬆的說出，自己喜歡什麼或不喜歡什麼？但很少思考，這背後來自於什麼事件或價值觀。那要怎麼探索自己的價值觀呢？最常見探索價值觀的方法可能是「**價值觀清單**」（**Values List**），這是列出個人或組織認為重要且指導行為的價值觀的一組工具。

價值觀清單的特點

1. **核心價值觀**：包含對個人最重要的信念，例如誠實、自由、愛、成長、安全、成就等。
2. **個性化**：不同的人有不同的價值觀清單，受文化、經歷和環境影響。
3. **層次性**：價值觀可能有優先順序，例如某人可能將「家庭」置於「事業」之上。
4. **行動指南**：價值觀清單幫助人在面對選擇或衝突時，根據核心信念做出決定。

常見價值觀清單範例

以下是一些常見的價值觀，通常會整理成一個表格，例如包括：

- **個人成長**：學習、進步、自我提升
- **關係**：愛、家庭、友誼、信任
- **道德**：誠實、正直、公平、尊重
- **自由**：自主、獨立、選擇
- **成就**：成功、卓越、影響力
- **安全**：穩定、保障、舒適
- **創造力**：創新、表達、想像力
- **服務**：奉獻、幫助他人、貢獻
- **樂趣**：快樂、冒險、享受
- **精神**：信仰、內在和平、意義

通常的做法是，

1. **初步篩選**：從一份 50～100 個詞彙列表中，選出你覺得「重要」的 10～20 個。
2. **排序**：從這些詞彙當中再挑出前五個最重要的（建議寫下為什麼）。
3. **檢視生活對齊度**：
    - 目前的工作／關係／日常，是否支持這些價值？
    - 哪些價值觀被忽略、壓抑？

這真的這麼重要嗎？為什麼要了解自己的價值觀呢？

> 因為我們會不開心，往往就是所處環境或是實際行為與底層價值觀的不一致。

我也試著寫過這個版本，舉例，一般情況下，可能我會選的就是「成就」、「成長」、「果斷」、「自由」、「快樂」。

直到有一次，我跟在另外一堂「教練」課程遇到的同學相互 coaching 對方，她問我一個問題：「從小到大，有哪些關鍵事件的發生，對妳後來的價值觀影響很多？」才讓我重新思考，發生了什麼事，我的價值觀是什麼、如何構成的，這時的我，有了不一樣的選擇，也讓自己對一件事情的反應，朦朧中有一些答案。

因此，在這一小節，我也想邀請讀著這本書的你，一起思考屬於你的這個問題，來看看會有什麼樣出乎意料的地方呢。

行動指南 (3/3)：職涯重定位 —— 先找出你的價值觀

❓ 從小到大，有哪些關鍵事件的發生，影響你的信念 / 價值觀？（請舉例 3-6 個最重要的，並說明那一個項目最重視的是什麼）

_____

_____

❓ 在哪些瞬間，會讓你覺得辛苦是值得呢？

_____
_____
_____
_____
_____
_____
_____

❓ 回顧上一章節，過去一年，最有成就感及最感到疲憊的三件事，看看它們的共通點──
- 有沒有發現，讓你有成就感的，是否對應你的哪一個價值觀？──你的核心熱情是什麼？你喜歡解決什麼樣的問題？
- 而那些讓你感到疲憊或自我懷疑的事情，又與你的哪一個價值觀有所衝突呢？你不想再做什麼？

真正喜歡的（請描述原因）
_____
_____
_____

不想再做的（請描述原因，對應金字塔，可能是哪一個層級？）
將項目依願景、價值觀、行為連連看，再記錄你的想法。

❓ 你現在的工作，能幫助你邁向你的願景嗎？現在不喜歡的事，是往目標路上會遇到的必然過程，還是可能跟你想要的職涯方向看似相近，其實背道而馳呢？

❓ 如果繼續現在的工作方式，三年後的你會在哪裡？這是你想要的嗎？

這一章的目的，不是讓你立刻做出改變，而是讓你從環境、行為、能力、價值觀／信念甚至到身份與精神層次思考：你現在的職涯，還是你真正想要的嗎？

R／觀點

分享自己對這個問題的關鍵回覆。

一、創業環境對我的薰陶

小時候，因為父母工作關係，我國小有一段時間寄宿在外，為了能夠見到自己的父母，我就學著自己搭客運，來回不同城市。

我不是富二代，沒有深厚的家底，家人都是白手起家創業，為生活而努力，頂多週末能出遊，想做的事情不用太擔心。平時會聽家人有簡單的商業想法交流，例如出去吃飯時，看到一家小吃攤生意不錯，可能會推算它的營業額、收入等等。

此外，我還記得，當我上學遲到，我父親會要求我自己去搭公車上學；當我有一些人生或工作上的疑問時，家人除了分享自己想法之外，

會更與我強調,「這個妳自己想清楚就好,為自己的人生負責。」我是在這樣的環境長大的,所以我從很小的時候開始就算獨立。

也是在這一次回想,我才驚覺,這無形中塑造一個很重要的價值觀——我相信,我的人生是自己的。

我也願意相信,多數時候,「只要我想要」我能夠讓自己過想要的生活。因為一直有這樣的信念,其實我對很多事情都是很認真去做的,那個認真不在於社會框架或是誰要我怎麼樣,而是我知道,想要收穫就要有對應的付出,為了獲得我想要的,我很自然就會這麼認真看待。

二、求學時期遇到的不公與權威

求學時期,曾遇過只照顧好學生的老師。坦白說,當時我也沒太認真上課,但因為成績尚可,沒有太被針對。但部分同學遇到的處境就不一樣了,他們不是壞人,沒有用言語或行動傷害他人,只因為沒有考好成績,甚至有些同學還被逼到退學或轉學。

我當時,真的非常非常困惑、不解和憤怒。一方面,覺得當下的自己沒有能力幫助別人,而無助。另一方面,我很疑惑,**這就是教育的意義嗎?人生只有一條路嗎?因為成績表現好壞,就可以去定義一個人的價值嗎?尤其是在這學生時期?**

我不是不認同在商業環境適者生存的概念,我不認同的是,那些被影響的,只是手無還擊之力的學生,這時候的他們正是應該被教育什麼樣是好的價值觀或是品格的年紀,但在這時候,他們竟然先被權威體制排擠和放棄。

這讓我後來有一些地雷是一
- 當看到有人試圖用高高在上的權威壓制,或欺負沒有還手及自保能力的人,我會特別在意。
- 我會反感於輕易地貼標籤,或有人用單一的社會框架去套用在別人身上。

- 如果被告知事情只有一種解決方式,我也會挑戰,相信絕對不只有一種解法。

另一個角度,我也不太怕生活中會遇到的權威,我生命中遇到真正厲害的人,都是很謙虛,且樂於交流的,用能力讓人信服,而不是拿權力壓人或缺乏溝通。

老闆或是長輩我也不太怕,對我來說,大家都是人,都是來賺錢的。意外地,這有時候反而讓我更能且更敢於了解老闆的想法。很幸運的,我也多次遇到很多好主管,不僅願意溝通,也給予充分的支持!

當然在不同地方或遇到不同人可能也是會吃點苦頭的,這也是後來我才學習到,如果發現價值觀不合,就是可以撤的時候,這後續會分享。

三、同一件事情,彼此有截然不同的觀點與感受

一樣是求學時期,記得有一天,我跟同校車的同學相約一起去圖書館讀書。

當我們抵達圖書館,在電光火石之間,只聽到此起彼落「砰――砰――砰――」的聲音,接著環境突然變安靜。那一刻,我才真正反應過來,眼前看到的是,所有桌上,都被放了一本書。

是的,原來因為圖書館座位有限,所以大家都像武林高手一樣精準地用書本幫自己佔位。

因為沒有搶到位置,我與同學也只好悻悻然離開。而我當下的想法是:「哇,原來可以這樣哦(星星眼)!」以及「他們怎麼可以丟那麼準?」,當下我回家跟家人說時,他們的反應也是:怎麼這麼厲害?

隔天聊天時,同學說的他的憤怒、回家跟家人說時家人也覺得怎麼能這樣。

我當時聽到覺得很可愛,感覺同學和家人對這個議題似乎蠻正義、是非分明的,這是當下我沒想到的角度,因此他們有那些情緒也很合

理。於此同時，我卻也突然意識到，原來對於同一件事情，可以有完全截然不同的觀點與感受。

當然，我當下會有這樣的反應，也跟我的家人脫不了關係，我父親算是害羞又開朗的人，母親也是很聰明優秀的人，小時候很喜歡聽他們聊天，父親會說著諧音梗或一些天馬行空的想法，逗著大家哈哈大笑。

很多很多年後，我也深深意識到「能有不一樣的、甚至帶著詼諧的角度看事情」是我這一輩子眾多能力和特質中，個人感到最可貴、最感謝我父親教育我的特質。

因為這在已經很辛苦的人生中，總能試圖找出一點點快樂的理由（雖然多數時候比較像是悲觀到極致後的樂觀，壞事都想完，接著就豁出去了）。

這些，可能跟專業能力沒有直接相關，但也是很重要的，能支撐我多走一段路的認知與思路。

你我的成長背景都不同，但我相信，你一定也有很多屬於你自己的小故事，在過去支撐著你，才能繼續堅持下去。

過去發生的事情，刻畫了我們現在的樣子，但卻無法因此定義我們的未來。透過這些探索，只是更加了解自己的現況，就像勇者上路前盤點自己目前有哪些裝備那樣。

下一章節來聊聊，看似擁有許多裝備，也甘願奉獻的我們，又為甚麼會感到低潮呢？讓我們進一步抽絲剝繭，可能是什麼，讓我們燃燒殆盡？

第二章

低潮期的挑戰──
PM 為什麼容易「燃燒殆盡」？

> 像是過度操勞的父母，忙著幫別人解決問題，卻忘了自己想要什麼。

許多 PM 在職涯中期，可能會發現自己的工作重心從「**打造好產品**」變成了「**處理雜事**」。本來想成為能夠定位方向、驅動產品成長的人，卻變成了一個**負責處理需求、協調會議、到處救火的角色**。

這種感覺，就像是家裡的「**操勞型父母**」──

- ✓ 努力確保一切正常運行，但內心充滿疲憊。
- ✓ 幫孩子收拾爛攤子，卻忘了自己的夢想。
- ✓ 當別人問起「你最近過得怎麼樣？」時，卻不知道該怎麼回答。

會低潮的可能原因有很多，我們試著從救火型 PM 的困境、成長停滯及影響力無法發揮等情境探索，看能發現什麼新靈感。

本章將與你一起：

- ◆ 透過多個測驗和四象限分析，客觀檢視自己是否陷入低價值工作循環或職涯停滯。
- ◆ 從「救火隊長」轉變為「系統設計師」，設計流程機制來預防問題，而非被動應對。
- ◆ 重新分配時間、建立標準流程、設定成長目標等可立即執行的步驟。

第一節

為什麼越做越多,卻越來越累?

> 無止境的失火或需求,PM 變成了任務處理機器。

或許一開始還好。但到了某個時間點,有些 PM 可能開始會發現:

- ✓ 需求不斷進來——每個部門都來找 PM 追加需求
- ✓ 產品進度發生問題——PM 需要介入協調資源、處理衝突
- ✓ 跨部門合作遇到阻礙——PM 被期待去「搞定一切」

「怎麼我做的事情越來越多,影響力卻沒有變大?」

這種模式一旦持續,**PM 就會陷入一種**「內耗感」,覺得自己**每天都很忙,卻沒有真正的成就感**。回家總想早早休息,隔天早上再繼續重複。

這不只是個人的問題,而是一個系統性的困境:
PM 容易被組織當下的需求推著走,最後變成了一個**救火隊長**,卻失去了成就感。

📖 小測驗：你的時間花在哪裡？

這個測驗幫助你檢視自己的工作任務，看看是否集中在高價值的地方。請仔細回想過去一週的工作，根據以下問題選擇最貼近你的答案。

1. 你一天的主要工作內容是什麼？
   A. 安排會議、處理行政雜務，回覆內部訊息。
   B. 分析用戶數據，調整產品功能，推出小迭代測試。
   C. 與跨部門討論，推動專案進度，處理資源調度。
   D. 制定產品策略，設計影響全局的決策流程。

2. 當遇到新的需求時，你通常怎麼處理？
   A. 直接將需求放入 backlog，快速安排排期。
   B. 先分析需求的真實價值，再決定是否優先處理。
   C. 與技術或設計討論，看是否有資源可以立即安排。
   D. 評估需求與產品長期策略的契合度，再決定是否推動。

3. 你的目標設定通常是？
   A. 確保每個 Sprint 的任務都如期完成。
   B. 找出可以快速測試的假設，並驗證效果。
   C. 確保專案能夠跨部門順利推進，避免卡關。
   D. 設定產品 6 個月或以上的長期成長目標。

4. 當回顧自己一天的工作時，你最常覺得？
   A. 忙碌但不知道在忙什麼，像在救火。
   B. 雖然事情多，但看到產品的改善讓自己很有成就感。
   C. 很多協調與溝通，但進展似乎有限。
   D. 花時間思考未來的方向，感覺自己在主導。

結果分析

以你選擇的答案，看看你的工作重心在哪裡：

- 多選 A 的話：你的工作可能集中在「**低影響力 / 短期雜務**」。

- 多選 B 的話：你已經在專注「**高影響力 / 短期優化**」。
- 多選 C 的話：你現在可能落在「**低影響力 / 長期協調**」。
- 多選 D 的話：恭喜！你正在運作「**高影響力 / 長期發展**」。

行動建議

- **如果集中在 A**：你的工作模式可能讓你陷入「低價值循環」，長期下來將難以突破職涯發展，建議立即優化時間管理並重新調整工作內容。開始檢視你的工作任務，看看哪些能委派或簡化。
- **如果集中在 B**：很好！試著擴展到長期策略層面，讓自己的價值更深遠。尋找更多策略討論的機會，主動參與高層決策。
- **如果集中在 C**：你有部分工作聚焦在高價值任務上，但仍有不少時間被低價值工作消耗，應該開始思考如何調整時間分配，以及策略和行為的一致性。
- **如果集中在 D**：恭喜你！這能讓你的職涯持續成長，保持這樣的方向。與主管或高層建立更多連結，讓自己能進一步影響公司的策略。進一步提升你的影響力，讓你的聲音在公司內更有分量。
- **如果都是分散的**：代表目前的工作，可能缺少聚焦。

案例分析　被困住的 PM

B 是某 SaaS 公司的 PM，每天一早，他就會打開 Slack，看到來自各部門的請求：

- 業務部門：「有個客戶說這個功能不夠好，能不能優先處理？」
- 技術團隊：「我們開發卡住了，你幫忙問問 UX 設計師怎麼調整？」
- 客服團隊：「我們的報表有問題，PM 能不能幫忙查一下？」

B 很努力地回應大家，處理這些問題，但到了月底，他回顧自己的工作，卻發現自己看似一直在處理事情，卻好像沒有**真正推動過任何產品的重大改變**？而這些，就是我們需要關注的議題。

行動指南 1/3：擺脫低價值工作，提高影響力

我們將透過「步驟 1—步驟 3 的日常工作面」到「步驟 4—步驟 6 的實際貢獻面」，陪著你檢視自己的工作現況。

日常工作

步驟 1：把實際在做的事情寫下來，檢視你的時間花在哪裡。

請回顧過去一週有在進行的工作，並將任務分類到以下四個象限中：

	低影響力	高影響力
短期（當下必須處理的事）	行政雜務（排程、回覆內部訊息、寫報告）	產品優化（調整使用者流程、推出小迭代測試）
長期（影響 PM 的未來職涯發展）	純專案管理（回答規格問題或只負責協調，但沒有定位產品方向）	產品策略（設計決策流程、制定長期目標）

列好後，

1. 請簡單的用數字 1-7 標記，哪些花最多時間，7 代表最花時間。
2. 把今天一定要完成的，圈起來。
    - 思考，今天一定要完成的，對自己的工作是否有幫助？
    - 是有什麼評估今天一定要完成？
3. 在一天的結束後，
    - 今天一定要完成的，是否已完成？

依據你的結果，記錄你發現了什麼？這樣的結果是否符合預期？

_____
_____
_____
_____
_____
_____
_____

❓ 步驟 2：我可以如何減少「低影響力」的工作？

哪些低影響力工作，是可分擔(外包)的？哪些則否？對於拒絕不了個會議，又該如何讓他更有效率？

_____
_____
_____
_____
_____
_____
_____

舉例：
- 可分擔型：設定更加明確的「工作界線」，避免被雜事拖累，回歸責任單位，或嘗試將重複性的行政工作自動化或委派給他人。
- 不可分擔型：善用自動化工具或 AI 提高效率。
- 在自己所參與的會議中，有意識地掌握節奏、確保討論具有效率。
- 拒絕不必要的會議，或要求明確的議程與目標（反之，自己發動的會議也是）。

❓ 步驟 3：我可以如何增加「高影響力」的工作？

舉例：
- 與主管討論你的角色定位，確保你的影響力能夠最大化，爭取更多長期影響力的專案機會。
- 積極參與產品策略討論，讓自己成為決策的一部分。
- 主動提出產品優化建議，基於數據驅動決策。

實際影響力

❓ 我在組織內，是「難以取代」，還是「容易被取代」？為什麼？

❓ 承上題,如果我在組織內,是「難以取代」,是因為我真的能力很好,還是因為沒有其他人想做這件事情?我怎麼判斷?

_____
_____
_____
_____
_____
_____
_____
_____

❓ 最近三個月,我學到的新技能是什麼?我是否只是在重複相同的事情?

_____
_____
_____
_____
_____
_____
_____
_____

❓ 現在的我,在「市場上(其他公司我有興趣的公司)」,可能是「難以取代」,還是「容易被取代」?

_____
_____
_____

泛 PM 職能的百萬年薪破關術

職場 E 人，生活 I 人的逆襲，從被動執行到主動影響決策的理想人生

_____
_____
_____
_____

第二節 隱性停滯——PM 為什麼容易陷入「雜務陷阱」？

> 我們在做產品經理,還是高級協調員?你在設計系統,還是在被組織設計?

許多 PM 一開始以為自己的工作是驅動產品成長,但做著做著,卻變成了解決團隊內部的大小問題,最終**角色定位模糊**。

PM 變成了:

- ✓ 跨部門溝通的橋樑,但沒有決策權。
- ✓ 問題發生時,所有人都來找你,但沒有真正的權力推動變革。
- ✓ 自己明明很努力,但產品方向卻由別人主導。

這時候,PM 會開始懷疑:「我的價值到底是什麼?我真的在成長嗎?」

如果你發現自己陷入了「雜務陷阱」，那麼是時候重新審視你的職責與影響力了。

這一節的目標，是幫助 PM 從被動「填補組織漏洞」，轉變為主動「設計更有效率的工作模式」，最後才有精力，重新找回職涯成長的動力。

小測驗：你是「救火型 PM」，還是「系統設計型 PM」？

這個測驗幫助你評估自己目前的工作模式，判斷你是「救火隊長」還是「系統設計者」。

測驗題目

請針對以下問題進行評分，0 分（完全不符合）到 5 分（完全符合）

問題	0 分 （不符合）	1-2 分 （部分符合）	3-5 分 （完全符合）
我每天的工作內容大多是處理緊急問題，而不是規劃長期策略			
團隊遇到問題時，第一反應是來找我，而不是先嘗試自己解決			
我經常被臨時請求打斷，導致無法專心規劃產品方向			
公司的產品開發流程常常出現問題，但沒有人真正去優化它			
我的角色更像是「最後防線」，所有問題都需要我來處理			

測驗結果解讀

- **總分 0-6**：你可能擁有「系統設計思維」，已經能夠讓團隊自主運作，減少救火工作的負擔。

- **總分 7-15**：你偶爾會陷入救火模式，但也有意識地在調整，應該進一步設計更好的機制。
- **總分 16-25**：你可能被救火型工作壓垮，建議立即改變你的工作模式，將重心轉向設計長期解決方案。

> **PM 為何容易變成「救火型角色」？可能是因為你太有責任感，也可能是因為，你缺乏了系統設計思維。**

> 小心！「能救火」是能力，
> 但「一直救火」是職涯陷阱。

狀況 1：PM 在組織內的定位模糊，職責無限擴張

在一些公司，PM 不只是產品負責人，還要處理開發管理、業務支援、客服應對，甚至是行政雜務。

- 工程團隊遇到問題，PM 要來解決
- 產品需求變更，PM 需要負責協調
- 上層要報告，PM 要來整理數據

結果，PM 變成了「補位型」角色，彌補組織內部的流程缺陷，但沒有真正推動產品價值。

📖 **狀況 2：PM 的影響力不足，只能負責「執行」而不是「定位方向」**

如果 PM 沒有進入決策圈層，那麼他只能執行高層的決策，而不是參與決策本身。這導致 PM 變成了一個高級專案管理者，而不是產品策略制定者。

- ✓ 如果 PM 只是被動接受需求，那麼產品方向永遠是別人決定的。
- ✓ 如果 PM 總是在「應付變更」，而不是「制定策略」，那麼他只是流程管理者，而不是產品負責人。

📖 **狀況 3：PM 缺乏時間思考，只能不斷處理眼前的問題**

當 PM 每天都在救火時，還有時間思考長期產品策略嗎？

- 產品方向的市場分析，沒時間做
- 用戶數據的深度洞察，沒時間看
- 更長遠的策略規劃，沒有空間推動

❓ 久而久之，PM 變成了**短期問題的處理機器**，無法真正創造長期價值。

🩺 反思

❓ 我現在的工作，是在「發揮我身為產品經理的專業能力」，還是只是在「填補組織的漏洞」？為什麼？

_____
_____
_____
_____
_____
_____
_____

❓ 承上題,據我所知,我的直屬主管或老闆對此的觀點為何?我們對此有共識嗎?

_____
_____
_____
_____
_____
_____
_____

❓ 組織為什麼會出現這樣的漏洞?是沒有相關當責角色,還是該角色沒有發揮作用?我或公司過去分別如何處理?結果是**什麼**?

_____
_____
_____
_____
_____
_____
_____

❓ 如果我離職了,我帶走的是「真正的產品能力」,還是只是「在這家公司適應流程的經驗」?

_____
_____
_____

向內心發問

❓ 在哪些時候，我會感到內耗？

❓ 承上題，當我開始感到筋疲力竭（Burnout），我如何判斷，這是暫時壓力，還是長期職涯問題？

在下一章節，我們會提到如何擺脫舊有模式，在此之前，可以先看看其他案例。

案例分析：其他 PM 如何擺脫救火模式？

> **案例 A**　救火型 PM 的困境
>
> 「我每天的 Slack 都被大量 @tag 轟炸，工程師、設計師、業務團隊都來找我解決問題。我發現，我的時間全部被這些即時請求佔據，導致我沒辦法專心規劃長期產品策略⋯⋯」

- 問題根源：
    - ✓ 團隊過度依賴 PM，缺乏適當獨立決策的習慣與心態
    - ✓ 缺乏標準流程，問題只能透過 PM 人工協調
- 解決方案：
    - ✓ 設計 FAQ 或標準決策機制，減少 PM 介入的頻率
    - ✓ 設立專注時間，讓 PM 不會被臨時請求打斷

> **案例 B**　拆小決策顆粒，推動業務分組、建立標準與流程
>
> 「我曾經也是個救火型 PM，每天應付無數的緊急需求、跨部門溝通，導致我沒有時間專注於產品策略。後來，我意識到這樣的模式不可持續，於是決定拆小決策顆粒，並推動業務分組，建立標準與流程，讓團隊可以更有系統地運作，而不是每件事都來找我。」

- 問題根源：
  - ✓ 需求與決策過於集中在 PM 身上，導致 PM 過勞且影響力受限
  - ✓ 團隊對標準與流程不熟悉，造成大量的即時請求與救火需求
  - ✓ 缺乏分工機制，所有決策都需要 PM 來協調與仲裁

- 解決方案：
  - ✓ 拆小決策顆粒，將大範圍的決策拆解為小型自治單位，讓不同角色能夠各自負責相應的決策
  - ✓ 推動業務分組，讓團隊擁有相對固定的成員與責任，減少頻繁的跨組協作問題
  - ✓ 建立標準與流程，讓每個組別都能有明確的作業規範，確保團隊知道該如何解決問題，而不是事事尋求 PM 介入

> **案例 C** 與相關部門主管協商分工，由該部門主管制定相關規則與流程
>
> 「過去，我常常被各部門的問題淹沒，業務、工程、設計、客服等團隊都會直接來找我處理跨部門的衝突與問題，導致我的時間被大量消耗。後來，我意識到這些問題不應該只由 PM 來解決，於是我開始**與相關部門主管協商分工**，讓他們負責制定適合該部門的規則與流程，確保決策權回到正確的負責人手上。」

- 問題根源：
  - ✓ 各部門習慣將問題拋給 PM，而不是內部先解決或尋求主管協助
  - ✓ 缺乏清楚的職責分工，PM 成為所有跨部門問題的「最後防線」
  - ✓ PM 需要處理非自己職責範圍內的管理問題，例如工程師的工作方式、設計師的交付流程、業務團隊的需求篩選等

- 解決方案：
  - ✓ 與各部門主管協商分工，確保每個部門的問題由該部門自行處理，而不是直接拋給 PM
  - ✓ 由部門主管制定標準與流程，例如工程團隊的技術決策流程、設計團隊的交付標準、業務需求的優先排序機制等，確保有系統地解決問題，而不僅是依賴 PM 或特定角色人工協調
  - ✓ 明確 PM 的職責範圍，讓 PM 專注於產品方向與策略，而非介入每個部門的內部問題

Take Away

- 案例 A：被救火模式綁架的 PM →問題發生時，PM 被迫緊急處理，無法專注長期規劃。
- 案例 B：透過業務分組與標準化，推動小組成員共同自治，減少 PM 介入的需求→讓決策權更分散，避免 PM 過勞。
- 案例 C：透過與部門主管協商，讓各部門自行制定規則→ PM 不再處理部門內部問題，而是專注於產品發展。

這些方法的核心思想是：PM 不應該只是「解決問題」，而是「設計讓問題不會再發生的系統」。如果你的時間大部分都用來救火，那代表你的組織運作機制需要改善，從今天開始，試著讓團隊能夠「自動運轉」吧！

行動指南 (2/3)：讓自己從「救火隊長」，變成「產品戰略設計師」

PM 的價值，並不是「變得更會救火」，而是「設計出更少火災的環境」。

如果你的日常工作大部分時間都在「解決問題」，而不是「設計更好的工作模式」，那麼你的影響力就會受到限制。

🚨 錯誤模式：「救火隊長」的日常

- 需求變更→ PM 協調修改
- 工程團隊卡住→ PM 來解決
- 跨部門問題→ PM 去協調

✓ 更好的模式：「產品戰略設計師」的日常

- 需求變更→ PM 提前設計決策機制，避免無效需求進來
- 工程團隊卡住→ PM 與技術主管建立更好的優先級決策框架
- 跨部門問題→ PM 設計更好的溝通與決策流程，減少摩擦

當 PM 意識到自己進入了「內耗模式」，就需要開始思考：「**我要如何讓自己的時間，真正投入在高價值的事情上？**」

請記得，

1. PM 需要的不是「一直解決問題」，而是「創造不需要救火的環境」。
2. 如果發現自己在做的事情沒有累積價值，就應該開始重新設計自己的工作方式。
3. PM 不應該只是確保「事情能完成」，而是確保「做的事情是對的」。

思考框架一：「救火 vs. 設計系統」思維

概念：優秀的 PM 不應該只是「處理問題」，而是應該「設計更少問題的環境」。如果 **PM** 總是要救火，說明整個流程可能有問題，需要被優化。

	救火模式 （Firefighter Mode）	設計系統模式 （System Designer Mode）
思考方式	這次怎麼解決這個問題？	怎麼設計一個讓這個問題不會再發生的系統？
行動方式	回應需求、處理衝突、解決當下的問題	建立機制、設計流程、讓團隊自動化解決問題
長期影響	PM 變成團隊的「最後防線」，所有問題都要找 PM	PM 把時間投入到長期策略，不再被低價值工作綁住

當 PM 總是處理問題,而不是設計更好的流程,就會陷入「救火模式」。這時候,可以運用以下思維工具,來幫助自己從短期應對轉變為長期優化。

思考框架二:「5 Why 分析法」:釐清問題的根本原因

當問題發生時,PM 不應該只解決表面問題,而是要深入挖掘「**為什麼這個問題會發生?**」,才能找到真正的解決方案。

> **例子** 某個功能發布後,數據沒有達到預期
>
> 1. 為什麼數據沒有達到預期? →用戶使用率比預測低
> 2. 為什麼用戶使用率低? →他們不知道這個功能存在
> 3. 為什麼他們不知道? →產品內缺乏有效的引導與教育
> 4. 為什麼缺乏引導? →我們沒有在設計階段規劃 onboarding
> 5. 為什麼沒有規劃? →需求討論時,缺乏對用戶行為的考量

✓ 解決方案:未來在規劃新功能時,必須把 onboarding 設計納入核心考量,確保用戶能順利使用新功能,而不是等問題發生再來補救。

思考框架三:「First Principles Thinking」(第一性原理):拆解問題,找到本質

這個方法來自於 Elon Musk,重點是將問題拆解到最基本的組成部分,重新思考解決方式。

> **例子** 為什麼 PM 總是被動接需求？
>
> 傳統思維：這是 PM 的工作，只能接受現狀。 第一性原理拆解：
> - 需求來自於哪裡？→來自業務團隊
> - 為什麼業務團隊有這麼多需求？→他們沒有明確的產品規劃
> - 為什麼沒有規劃？→產品目標與業務需求沒有對齊

✓ 解決方案：與業務團隊共同制定「優先級決策框架」，確保需求與產品策略一致，而不是無限接需求。

在了解上述框架後，讓我們來試著參考下列步驟拆解你的當前狀態：

❓ 步驟 1：記錄過去 6 個月最常處理的「救火型問題」

___

___

___

___

___

___

❓ 步驟 2：拆解問題，找出根本原因

這些問題的發生，哪些與流程設計不完善、職責分工不明確、團隊共識不足有關？

___

___

___

_____

_____

_____

_____

_____

舉例：
- 是因為流程設計不完善？
- 是職責分工不明確？
- 還是團隊缺乏共識？
- 或是其他原因？

❓ 步驟 3：判斷哪些問題需要優先處理？為什麼？

我的觀點：

_____

_____

_____

_____

_____

_____

_____

我的直屬主管及老闆的觀點：

_____

_____

_____

_____

兩者是否相同？如有不同，請列出為什麼？

❓ 步驟 4：我打算如何從「解決問題」轉變為「設計流程」
我想設計設計「預防機制」減少問題發生，有沒有更好的方式？

❓ 步驟 5：我打算如何取得利害關係人共識及導入團隊，可以增加成功率？

取得利害關係人共識方式（如有不同角色，可分開列）：
_____
_____
_____
_____
_____
_____
_____

導入團隊方式：
_____
_____
_____
_____
_____
_____
_____

持續追蹤與優化方式：
_____
_____
_____
_____

_____

_____

_____

_____

舉例：
- 設定合理的短中長期目標，並列出不同角色可能會有的 FAQ
- 確保團隊如何處理常見問題，且每個人都知道自己的角色，減少不必要的依賴
- 確保不只是「做事」，而是在「變強」

R / 觀點

上述所提及的，都不是單一 PM 的案例，我接觸到很多 PM 朋友都有遇到類似狀況。看到這邊一定有人會問，系統問題都是 PM 的問題嗎？系統開發團隊沒有技術方面的主管嗎？

我確實有看到有些案例很幸運，他們有很棒的技術主管帶領。

但對於沒有這樣資源的環境，我的觀點是，不如去思考，可以如何聯合有影響力的人，一起去看見問題，並願意去改善現況。這也是 PM 能展現影響力的地方，當你不只能辨識問題，還有方式可以帶來具體的改善（不躁進，又能在相對短期見效），這就彰顯了你的影響力。

當然，有時候總可能會有些阻礙，不論關鍵人士願意配合也好，或不願意配合也好，都分別有對應的方式可以改善問題，這在後面的章節有進一步的討論。

第三節

如何突破「停滯型 PM」困境，重新塑造個人成長機會？

> 從學習停滯，轉變為個人職涯設計師。

許多 PM 在職涯低潮期，會發現自己陷入了一種「無止境的被需要」的狀態。每天都在解決問題，處理跨部門協調，但當回頭看時，卻發現：

- 自己的影響力沒有真正提升
- 產品方向依舊由別人決定，PM 只是「執行者」
- 學習曲線停滯，工作變成了無意義的重複

當 PM 開始感到內耗、失去成就感、甚至開始懷疑自己是否適合這份工作時，這代表我們需要重新調整自己的職涯策略，讓自己回到成長曲線上。

📖 小測驗：你是「成長型 PM」，還是「停滯型 PM」？

這個測驗幫助你評估自己的學習曲線、影響力與職涯發展，看看你目前的狀態是「持續成長」，還是「停滯不前」。

請針對以下問題進行評分，0 分（完全不符合）到 5 分（完全符合）

問題	0 分（不符合）	1-2 分（部分符合）	3-5 分（完全符合）
在過去 3 個月內，我學到了新的技能或知識，讓我的能力明顯提升			
我覺得自己的工作內容有挑戰性，每天都有新的學習與突破			
我能夠影響產品決策，而不只是執行需求			
我有機會影響組織流程，讓團隊運作更高效			
當面對新的業務或產品方向時，我能夠快速學習並適應			
我的意見能夠影響團隊，讓產品或流程變得更好			
我可以清楚說出「這份工作如何幫助我成長」			
我對自己的未來發展有明確的規劃，知道下一步要達成什麼目標			
我對自己的成長充滿動力，而不是感覺每天都在重複相同的事情、處理類似的問題			
當有其他人試著給我意見時，我願意先開放心態思考，而不是立即防禦或反駁			

✓ 測驗結果解讀

- 總分 0-21：你目前處於偏「職涯停滯」狀態，可能已經對工作感到厭倦，缺乏新的學習機會，建議你開始尋找突破點。
- 總分 22-41：你的成長曲線有限，雖然偶爾有新的學習，但可能缺乏系統性的發展，建議要主動爭取更具挑戰性的工作內容，保有更加開放的學習心態。
- 總分 42-50：你處於「成長型 PM」狀態，持續學習、擴展影響力，並且有明確的職涯規劃，請保持這樣的動力！

思考框架：「PM 成長曲線」—— 你還在學習，還是已經停滯？

當 PM 陷入低潮期時，我們需要問自己：我是還在成長，還是只是在消耗？

	成長型 PM	停滯型 PM
學習曲線	每個季度都有新的學習點，能力不斷提升	工作內容高度重複，沒有新的挑戰
影響力	參與產品決策，影響組織流程	只是執行任務，影響力有限
職涯發展	能夠清楚說出「這份工作如何幫助我成長」	感到職涯停滯，對未來沒有明確計畫

行動指南 (3/3)：掌握方針，主動突破「停滯型 PM」的困境

當 PM 進入低潮期時，很多人會選擇「熬過去」，但真正優秀的 PM 會選擇「創造新的成長機會」。

❓ 步驟 1：設定「我的成長目標」，確保自己不斷提升專業能力與影響力。接下來 3~6 個月，你想學習哪些技能？

_____

_____

舉例：

- 每個季度選擇一個「需要提升的核心能力」（如數據分析、商業策略、技術理解）

❓ 步驟2：爭取「挑戰性任務」突破舒適圈，創造合適的成長速率與曲線。

你想爭取哪些項目，為什麼？（最多列兩點）

是否需要向主管爭取資源？預計如何跟主管溝通可以提高成功率？

舉例：
- 主動向主管爭取負責更具挑戰性的專案
- 提前設想對方可能會有哪些顧慮，準備好配套方案
- 嘗試參與公司內部更高層的決策，讓自己進入影響力圈

❓ 步驟 3：制訂可行的學習計畫。

舉例：
- 思考學習的意義？例如可以沒有好好讀書、有好的學位，但不能停止學習？
- 找到業界的導師或 mentor，請教他們的成長策略
- 參與 PM 社群活動，與不同背景的 PM 交流，獲取新的視野
- 透過線上課程、閱讀、參與內部討論來強化這項能力

❓ 步驟 4：如何衡量自己的成長？

_____
_____
_____
_____
_____
_____
_____

R / 觀點

個人認為，在思考這些問題時，有幾點很重要的關鍵：

1. 你認同「受人聘僱的員工」和「公司」之間，是處於「價值交換」的關係嗎？
2. 你認同沒有一家公司，能保證可以持續「以優渥的薪資聘僱我們」嗎？
3. 你認同當「公司」和「自己」的「價值交換」達到某種平衡，更能激發你的工作動力嗎？（簡單來說，錢多好辦事，或是即便薪水沒那麼高但有成長空間或是很難得的視野或機會，也是一種價值交換。）

根據台灣中小企業處統計，有 99% 的公司在 5 年內會創業失敗並結束。曾叱吒全球的大公司如 Nokia、Intel、百視達也可能最終沒落。

基於上述，我會判斷，如果自己的職涯，還像早年的社會認為可以在一間公司待到退休，是不現實的。

我甚至會害怕公司說「想要大家一起在公司退休到老」，誰是「大家」，為什麼要「一起退休」，那公司想帶大家去哪裡？如果有人不適任，還要一起退休嗎？那這不就稀釋有能力者的利益與權益了嗎？

一直以來，我都是有超高工作動力，且會積極的人（當然還有很多地方值得學習和改善）。但我認為，正因為我看透這樣的本質，才願意如此努力。

這一章的目標，是讓 PM 從被動「填補組織漏洞」，轉變為主動「設計更有效率的工作模式」，重新找回職涯成長的動力！

但當然，一個偉大的產品，絕對無法只靠一個人成行（雖然在 AI 時代，這句話逐漸變得沒有那麼絕對），總而言之，如果要過得好，我們絕對不只是著眼自己，這就是下一章要討論的。

第三章

讀懂「局」，才不會白忙──
何時該適應，何時該改變？

> 你以為你在打一場規則不變的單機遊戲，但其實這是一場遊戲地圖與規則都持續在變的 Online Game。

多數人都清楚，PM 這個角色，本質上是「沒有正式權力，但卻需要影響決策」的工作。這意味著，**PM** 的影響力來自於別人願不願意聽你說話，而不是因為你有什麼職權。

這也是為什麼很多 PM 會有這樣的困惑：

- 「我每天都在開會、拆解需求、管理進度，為什麼產品方向不是我說了算？」
- 「我已經提供了最完整的市場分析和競爭對手研究，為什麼決策還是業務部門在主導？」
- 「我以為自己在做產品策略，但其實只是負責確保需求有被開發。」

這不僅是個人能力的問題，**還涉及到 PM 在組織中的角色定位、決策參與度、影響力範圍**。這並不是因為 PM 不夠努力，而是可能沒有掌握到關鍵。

PM 在職場上的挑戰，不只是執行專案，而是如何確保自己的影響力能夠被組織真正採納。

本章將與你一起：

- *理解影響力是如何運作的*
- *為什麼有些 PM 能推動變革，而有些 PM 只能被動執行*
- *如何提升自己的影響力層級*

下方這個測驗幫助你了解自己在組織內的決策 B 影響力層級，看看你是**執行型 PM、顧問型 PM、戰術型 PM，還是策略型 PM**。請根據你的日常工作狀況，選擇最符合的答案，最後計算你的分數，看看你在哪個層級！

📖小測驗：你目前的 PM 決策影響力

可直接圈起哪一個比較接近你的狀況，最後再思考你偏向哪一種角色。

問題	A	B
1. 我能夠決定哪些需求應該進入產品開發？	我沒有決定權，只能執行他人的需求	我能夠影響需求優先順序，但仍需獲得批准
2. 我能夠主導產品的長期策略？	產品方向由高層決定，我只負責落地執行	我能夠影響某些產品策略，但無法完全主導
3. 我是否有機會與 C-Level 或決策高層對話，並影響他們的決策？	我沒有機會參與高層討論	我可以參與部分決策討論，並影響最終結果
4. 我的建議是否影響了產品開發的最終決策？	我可以提供建議，但最終由別人決定	我的建議經常被採納，甚至能推動變革
5. 當新產品或新功能規劃時，我的角色是？	主要負責執行，按照指示完成規劃	負責設計產品功能，並有機會影響核心方向
6. 我的影響範圍主要在哪裡？	限於 backlog 管理、開發排期、專案協調	涵蓋產品方向、決策機制，甚至影響組織運作

問題	A	B
7. 當我對產品方向有不同意見時，我的選擇是？	我只能執行上級的決定	我可以提供不同觀點，並有機會改變決策
8. 公司內部是否有其他人能夠取代我，而不影響產品決策？	有，因為我只是負責確保專案執行	沒有，因為我的決策影響產品的核心方向

測驗結果

思考你的角色：

👉 **執行型 PM**（只負責 backlog，沒有產品決策權）
👉 **顧問型 PM**（能參與討論，但影響力不強）
👉 **戰術型 PM**（負責某些關鍵功能的決策，但無法影響整體產品）
👉 **策略型 PM**（能夠影響公司產品方向，參與核心決策）

思考框架：影響力層級四象限模型

PM 的影響力可以拆成兩個關鍵因素：

- **決策參與度（低／高）**——你有沒有機會參與產品方向的討論，還是只能執行已決定的事項？
- **決策影響力（低／高）**——你的意見是否真的能改變決策，還是你的話只是被當成參考？

	決策參與度低	決策參與高
決策影響力低	執行型 PM （只負責 backlog，沒有產品決策權）	顧問型 PM （能參與討論，但影響力不強）
決策影響力高	戰術型 PM （負責某些關鍵功能的決策，但無法影響整體產品）	策略型 PM （能夠影響公司產品方向，參與核心決策）

影響力的提升，並不只是爭取更多發言權，而是**確保你的聲音能夠被決策者接受並採納。**

PM 可以根據自己的影響範圍，判斷自己在哪個決策層級，並尋找突破點：

- **參與決策，但無法改變決策**→開始提供更有數據支持的分析，讓決策者更信任你的觀點
- **可以改變部分決策，但無法主導整體產品策略**→擴大影響範圍，參與更高層的產品戰略討論
- **能夠影響高層決策，但仍需獲得批准**→建立跨部門聯盟，讓你的決策更具可執行性
- **完全擁有產品決策權**→影響公司整體戰略，讓產品策略與商業發展一致

改善建議：

- ✓ **如果你是執行型 PM** →你應該試著提升「決策參與度」，讓自己更早進入決策過程。
- ✓ **如果你是顧問型 PM** →你需要強化自己的「決策影響力」，確保你的意見能夠被真正採納。
- ✓ **如果你是戰術型 PM** →你應該思考如何影響更高層的決策，提升自己的策略思維。
- ✓ **如果你已經是策略型 PM** →你可以開始思考如何建立自己的領導風格，帶動整個組織的產品策略。

你的結果對應策略

你的結果	代表什麼？	短期調整（1個月內）	中期策略（2-3個月內）	長期發展（6個月以上）
執行型 PM	你的工作主要集中在 backlog 管理與專案執行，較少參與決策	主動參與產品策略討論，在會議中提出有價值的觀點	與主管建立更緊密的合作，爭取參與優先級討論的機會	鍛鍊數據分析與市場研究能力，讓自己具備更強的決策價值
顧問型 PM	你能夠提供建議，但影響力有限，決策權仍在他人手上	建立數據驅動的決策模式，讓建議更具說服力	擴大跨部門影響力，讓自己進入更高層的決策會議	爭取戰略層面的專案，讓自己成為決策過程的一部分
戰術型 PM	你能夠影響某些關鍵產品決策，但無法影響整體產品方向	主動了解更多決策原因，確保自己不只是執行部分功能	與主管溝通，爭取更多決策參與權	強化商業視角，確保自己能夠參與公司級別的策略討論
策略型 PM	你已經能夠影響公司產品方向，參與核心決策	強化產品思維，影響商業決策	提升領導能力，影響組織運作方式	建立個人品牌，影響產業發展

第一節

為什麼做了很多事,卻沒有影響力(個人層級)?

可能是影響層級太低,只能執行決策,而無法影響決策

這種情況,通常發生在以下幾種狀況:

狀況 A:PM 被當作「專案管理者」,而不是「產品負責人」

- 你的 KPI 是「確保開發進度」,而不是「確保產品成功」。
- 你的工作內容是「管理 backlog」,而不是「定位產品策略」。
- 你能影響的範圍,只限於「如何更有效率地執行決策」,但無法改變「做什麼決策」。

案例分析　產品經理 vs. 產品執行者

A 是一家成長型公司的 PM,他負責一款新產品的功能開發。某天業務團隊來說:「我們需要這個功能,因為客戶要求了。」A 很努力地確保這個功能被做好,優化了流程,準時上線。

但他發現,真正影響公司策略的,並不是這些功能,而是業務團隊和高層的需求判斷。

最後，A 發現自己雖然在「管理 backlog」，但產品方向已經被其他部門決定了。

這就是典型的「PM 變成專案管理者，而不是產品負責人」的狀況。

狀況 B：PM 在決策過程中被邊緣化

- 產品策略是在 PM 之外的地方決定的，PM 只是負責落地執行。
- 技術主管、業務部門，甚至是 CEO，才是實際決策者。
- PM 雖然可以提供意見，但這些意見通常只是「參考」，而不是真的能影響方向。

這時候，PM 需要問自己：

- ✓ 我是在參與「決策討論」，還是只是負責「執行討論結果」？
- ✓ 我是否有機會影響「我們該做什麼」？還是只能影響「我們怎麼做」？
- ✓ 我的產品目標，是由我來設定的嗎？還是我只是負責確保別人設定的目標能達成？

如果你的角色是「確保事情被完成」，那麼你的影響力就會非常有限。

PM 自己放棄了影響力，變成需求的傳聲筒

PM 影響力的大小，來自於我們能不能影響決策，而不只是確保事情被完成。然而，不知道你有沒有注意到，有些 PM 雖然是同樣的職位，但有些人真的能影響決策，有些人卻只能執行別人的決定？

> 你現在的影響力，是來自於你的職位，還是來自於你的能力？如果有一天，你的職稱不是 PM，你還能發揮影響力嗎？

這是一個殘酷的問題。PM 的價值，不該只是「負責 backlog」，而是要能夠「定位問題，影響決策」。但也有些時候，PM 沒有影響力，並不是因為組織不給機會，而是因為 PM 自己沒有主動爭取。

常見的「影響力自我削弱」行為包括：

只是在「接收需求」，而不是「定位需求」

- 需求來了，就默默地寫成 User Story，然後交給開發團隊。
- 但 PM 應該做的，是先問：「這個需求的商業價值是什麼？」

沒有對決策發起挑戰

- PM 收到業務團隊或老闆的需求時，會覺得「這是上層決定，我只能執行」。
- 但優秀的 PM 會挑戰這些決策，透過數據與市場洞察，推動更好的決策方向。

沒有建立決策影響力

- 影響力不是「等別人給予的」，而是「自己爭取來的」。
- 如果 PM 只是在執行需求，而沒有嘗試影響產品策略，那麼最終產品策略一定會被別人決定。
- 如果現在影響力很不如預期，第一步是先理解自己在組織中的位置，並主動爭取更多決策參與權。

行動方案，現況自評

? 依據前面的測驗，我的現狀，是屬於哪一種 PM？而我怎麼看這件事？

_____
_____
_____
_____
_____
_____
_____

? 如果影響力不如預期，是因為組織問題，還是因為自己沒有爭取？

_____
_____
_____
_____
_____
_____
_____

❓ 我目前已試過哪些方式為自己爭取,效果如何?
_____
_____
_____
_____
_____
_____
_____
_____

❓ 如果能重來一次,我可能會嘗試哪些方向?
_____
_____
_____
_____
_____
_____
_____
_____

❓ 回到現況,如果要更加提升影響力,我下一步可以怎麼做?
_____
_____
_____
_____
_____
_____
_____
_____

第二節 為什麼我過往的成功經驗，在這裡反而行不通（個人 vs 組織層級）？

> 這就像是，戰場變了，你卻還在用舊地圖。

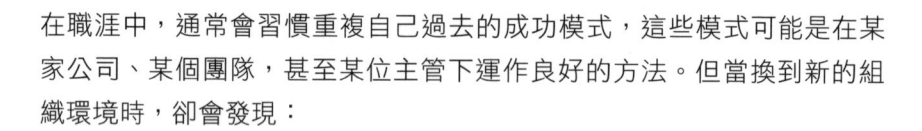

在職涯中，通常會習慣重複自己過去的成功模式，這些模式可能是在某家公司、某個團隊，甚至某位主管下運作良好的方法。但當換到新的組織環境時，卻會發現：

- 「我以前用這種方式能影響決策，現在卻沒有人理我。」
- 「這家公司跟我過去的公司文化不同，但我一直沒意識到自己需要調整。」
- 「過去這樣做，工程師都很買單，為什麼現在反而反感？」
- 「這些方法在從矽谷都用得很好，為什麼在歐洲新創，卻困難重重？」

這不是個人能力的問題，而是**你所處的「局」變了，成功的規則也變了**。如果沒有意識到這點，你會陷入**努力卻沒有結果**的困境。

> **案例分析　A 的職涯瓶頸**
>
> A 曾經在一家「產品驅動」的公司當 PM，習慣透過數據分析影響決策。他在市場調查、用戶回饋方面的能力很強，過去的公司也很重視這類數據。
>
> 但當他跳槽到一家「業務驅動」的企業後，他發現自己過去的方法不再適用。這裡的高層更關注業務成長、客戶需求，數據影響力變得次要。他仍然努力用數據影響決策，但發現自己的意見經常被業務團隊壓過去，最後變成只是在執行別人決定的事情。

這時候，他需要思考：「我是不是還在用舊方法解決新問題？」

> **案例分析　B 的適應困境**
>
> B 在一間知名科技公司擔任 Product Owner（PO），那裡有**清晰的公司目標、完善的獎勵制度、合格的資料分析師、成熟的工程開發團隊**。
>
> 在那裡，他的工作主要是**定位需求、根據數據做決策、與技術團隊對接**，確保產品發展符合公司的策略方向。即使是複雜的決策，也能有一整個生態系統來支援他：
>
> ➔ 需要市場數據？有資料分析師幫忙整理
> ➔ 需要開發估時？工程團隊有標準流程
> ➔ 需要推動一個新功能？只要能符合 KPI，團隊就會有資源投入
>
> 這讓 B 認為自己是一個高效的 **PO**，能夠做出高品質的決策。

但當他跳槽到一家**剛起步的 SaaS 新創公司**擔任 PM 後，發現一切都不一樣了：

- 沒有資料分析師，數據只能自己拉、自己分析
- 沒有明確的商業策略，產品方向經常變來變去
- 工程團隊資源有限，開發節奏跟不上預期
- 沒有完善的獎勵制度，團隊士氣參差不齊

他驚覺：以前能做出高品質決策，不只是因為自己能力強，而是因為背後有完整的支援系統。

現在，當所有事情都要自己來時，決策變得困難，甚至發現自己很多時候不知該如何推動事情。

為什麼過去的方法，現在行不通？

這類型的適應困境，常見於**從制度完善的大公司跳槽到小公司需要相互補位的新創**，或從成熟組織轉向初創環境的 PM。以下是可能的原因：

❑ 環境資源的變化

- 在大公司，決策基於數據，在小公司，數據可能不完整或根本沒有。
- 在大公司，有完善的流程，在小公司，流程需要你來建立。

❑ 決策邏輯的不同

- 大公司以「優化效率」為主，小公司以「快速求生」為主。
- 在大公司，PM 需要「確保決策正確」，在小公司，PM 需要「快速試錯，找到存活機會」。

- ❏ **影響力的運作方式改變**
  - 在大公司，PM 只要說服決策者，流程會自動運作。
  - 在小公司，PM 需要親自推動落地，沒有資源的情況下，還要自己動手做。

反思

❓ 我的決策能力，究竟來自於個人能力，還是基於哪些單位或角色的支持？他們對我決策的影響，各佔多少比例？

_____

_____

_____

_____

_____

_____

_____

_____

❓ 現在的環境不一樣了，我還能用相同的決策方式嗎？

_____

_____

_____

_____

_____

_____

❓ 如果過去的模式行不通，我需要哪些新技能，才能適應這裡？
_____
_____
_____
_____
_____
_____
_____

❓ 我如何判斷，這些學習，是否符合我職涯發展路線所需的技能？還是我在下一階段也難以有效用上呢？
_____
_____
_____
_____
_____
_____
_____

🛠 行動方案：轉變思維方式，重新學習影響力運作

> 影響力的價值來自「環境適配（適應當下的遊戲規則）」，而不是「單純沿用過去的成功模式」。

PM 必須意識到：過去的方法，不一定適用於新的環境，影響力來自於是否能夠調整自己，適應新的「遊戲規則」。

❓ 我在這個組織的角色和期待，與過去有哪些不同？

_____

_____

_____

_____

_____

_____

_____

❓ 這裡的權力結構，與過去哪裡不同？
_____
_____
_____
_____
_____
_____
_____

❓ 我要用什麼方式，才能在這個環境中建立影響力？
_____
_____
_____
_____
_____
_____
_____

調整得快，影響力就來得快；固守舊方法，只會讓自己陷入瓶頸。從大公司到小公司為例：

步驟 1：接受「不完美決策」，從完美主義轉向「快速試錯」

- 大公司 PM 習慣在「資訊充分」的情況下決策，小公司 PM 需要「資訊不完整但仍然要做決策」。
- 如果等到一切條件完美，競爭對手可能已經超前。

步驟 2：培養「全能型 PM」能力，自己補上缺口

- 學會基本的數據分析，不完全依賴分析師。
- 學習財務、商業模式，幫助公司建立更明確的產品方向。
- 提升技術理解，幫助工程團隊優化開發流程，而不是只是等待開發進度。

步驟 3：主動影響創辦人 & 高層，建立更清晰的決策框架

- 在新創環境，PM 需要不只是「執行者」，而是「推動組織變革的人」。
- 如果公司沒有明確策略，PM 需要主動影響決策層，建立更清晰的優先順序。

第三節 老實說，公司需要的是產品經理，還是專案管理者（組織層級）？

> 你以為自己是產品掌門人，但其實你只是施工隊長？

很多 PM 在加入一家公司時，期待的是**能夠主導產品策略，驅動產品成長**，但真正進入後才發現：

- 「決策早就定好了，我只是負責確保需求有被執行。」
- 「公司其實不想要產品經理，他們只是需要一個專案經理來管理開發時程。」
- 「老闆總是自己決定產品方向，PM 只是負責寫規格文件。」

這不只是個案，而是許多 PM 共同的經歷。有些公司當下的階段，**可能需要的不是產品經理，而是一個「負責協調工程師與業務部門」的角色。**

例如，在新創早期，PM 可能更像專案管理者，而成熟企業可能更需要策略型 PM，或是同時擁有不同角色，這取決於組織階段與需求。值得注意的是，不見得每個組織，一開始就清楚自己想要什麼，或對此有清晰的定位。

因此，這一節的目標，就是幫助你**判斷你的公司對 PM 的期待與你的想法是否一致**，如有不同，再進階思考自己是否有機會突破限制，還是應該考慮轉換不同環境。

判斷公司對 PM 的期待

📖 小測驗：你的公司主要是什麼驅動模式？

這個測驗幫助你判斷你的公司主要由**產品、業務，還是技術來**驅動成長，進而影響 PM 的工作方式與影響力。請根據你的日常工作情境，選擇最符合的答案，最後計算分數，看看你的公司屬於哪種類型！

請針對以下問題，圈選最符合的答案。

問題	A	B	C	D	E	F	G	H
1. 公司如何決定新功能的開發方向？	主要基於使用者需求、產品願景	主要來自業務團隊與客戶需求	主要由技術團隊決定、追求技術創新	主要關注提升內部效率與營運最佳化	由行銷團隊決定、配合市場推廣活動	主要根據數據分析與A/B測試結果	依據投資人需求與融資策略	由老闆個人拍板、依老闆的直覺與決策
2. 公司的主要成功指標(KPI)是什麼？	產品留存率、使用者滿意度	營收成長、銷售額	技術突破、架構效能	成本降低、流程效率	品牌影響力、轉換率	透過數據驗證的增長(如MAU、DAU)	公司估值、市場擴展速度	老闆是否滿意、老闆的願景是否實現
3. PM在公司的角色是什麼？	定位產品策略、驅動用戶價值	協調業務與技術、確保客戶需求落地	確保技術創新、支援業務應用	提供內部工具、提高組織效率	確保產品能支援行銷需求、優化市場策略	透過數據分析驅動決策、設計最佳解	確保產品符合投資人需求、支撐融資	負責執行老闆的想法、確保老闆滿意
4. 產品團隊的話語權如何？	產品團隊擁有決策權、影響公司發展	產品團隊配合業務需求、決策權較弱	技術團隊影響決策、產品團隊需配合	產品主要負責提升內部營運效率	產品決策符合行銷策略、行銷影響大	產品團隊決策基於數據、影響權有限	產品方向通常由投資人意見決定	產品團隊需執行老闆的決定
5. 公司最容易為了什麼改變產品方向？	使用者回饋與市場需求變化	主要客戶或業務需求變更	技術架構調整、新技術的發展	內部流程與效率問題	行銷需求變更、品牌策略調整	數據分析結果不如預期	融資需求或投資人建議	老闆的靈感或個人決策

問題	A	B	C	D	E	F	G	H
6. 團隊最重視的會議類型是？	產品策略會議，討論長期願景	銷售會議，聚焦業務增長	技術架構與工程優化會議	營運效能檢討會，關注內部效率	行銷策略會議，調整市場計畫	數據報告與分析會議	投資人簡報與財務會議	老闆主持的決策會議
7. 公司對於產品決策的能見度？	產品團隊有權決定優先級	需與業務團隊協商，業務影響大	以技術可行性為主，技術團隊影響最大	產品需優先解決內部營運問題	行銷需求決定優先級	依據數據表現來調整決策	取決於投資人意見	取決於老闆的個人想法
8. 你覺得公司內部最「不能得罪」的是？	產品負責人	業務總監	技術長	營運長	行銷長	數據分析主管	投資人代表	老闆本人

第三章 讀懂「局」，才不會——何時該適應，何時該改變？

87

測驗結果

計算你的分數：

- A 答案較多 👉 產品驅動公司
- B 答案較多 👉 業務驅動公司
- C 答案較多 👉 技術驅動公司
- D 答案較多 👉 營運驅動公司
- E 答案較多 👉 行銷驅動公司
- F 答案較多 👉 數據驅動公司
- G 答案較多 👉 投資人驅動公司
- H 答案較多 👉 老闆驅動公司

公司類型可能性解析與 PM 的挑戰（含產業 & 例子）

公司類型	特徵	適合的產業 & 範例公司	PM 需要注意的重點
產品驅動公司	產品體驗、創新為優先，PM 掌握核心決策權	SaaS、硬體、消費科技 Apple、Notion、Tesla	強化市場趨勢分析與用戶研究，確保產品創新與市場需求契合
業務驅動公司	營收與市場需求為核心，業務團隊影響產品優先級	企業 SaaS、B2B 服務、金融科技 Salesforce、Oracle、SAP	懂商業策略，確保產品符合市場需求，平衡業務與用戶體驗
技術驅動公司	以技術創新為核心，技術團隊主導發展方向	AI、雲端、區塊鏈、深科技 OpenAI、NVIDIA、Ethereum	PM 需具備技術理解能力，確保技術價值能夠真正落地
營運驅動公司	降低成本、提升效率為首要目標	物流、供應鏈管理、共享經濟 Amazon（倉儲物流）、Uber（司機管理）	PM 需理解內部流程，設計工具提升組織效率

公司類型	特徵	適合的產業 & 範例公司	PM 需要注意的重點
行銷驅動公司	透過品牌、廣告推動市場增長	電商、社群媒體、娛樂 Nike（品牌行銷）、Coca-Cola（廣告）、Meta（社群推廣）	PM 需與行銷密切合作，確保產品支援行銷策略
數據驅動公司	產品決策高度基於數據結果	搜尋引擎、短影音、數據分析平台 Google（搜尋演算法）、TikTok（推薦系統）	PM 需具備數據分析能力，設計實驗與指標追蹤
投資人驅動公司	產品發展方向受投資人期待影響	新創、融資階段公司 WeWork（曾受投資人影響極大）、Clubhouse	PM 需平衡短期融資需求與長期產品策略
老闆驅動公司	產品方向取決於老闆的直覺或個人喜好	創業公司、傳產轉型 SpaceX（馬斯克強勢決策）、小型家族企業	PM 需懂得管理向上溝通，協助老闆將願景落地，並在可能時影響決策

結果進階分析

1. **單一選項超過 60%**（例如 8 題中有 5 題以上選擇相同類型）

    👉 你的公司有明確的驅動模式，影響決策的主要利害關係人也較為清晰。

    👉 PM 應該優先學習如何與該利害關係人合作，例如：
    - **業務驅動公司**→強化商業分析能力，確保產品符合市場需求
    - **技術驅動公司**→提高技術理解能力，確保能與技術團隊對話

2. **兩種選項占比接近（各 30%-50%）**

   👉 你的公司可能是**雙核心驅動**，PM 需要在兩種驅動模式之間取得平衡。

   👉 例如：

   - **產品＋業務驅動**→可能是 B2B 企業 SaaS，PM 需要同時考慮**產品體驗**與**市場需求**
   - **技術＋數據驅動**→可能是 AI 公司，PM 需要確保產品不只是技術創新，還能帶來實際價值

3. **三種選項占比接近（各 20%-35%）**

   👉 你的公司決策權可能較分散，不同團隊都有影響力，PM 需要學會**跨部門協作**。

   👉 這類公司可能是：

   - **大企業內部多部門協作**（如 Amazon、Meta）→產品策略需要多方協調，PM 需具備**影響力管理**能力
   - **轉型中的公司**→例如從「業務驅動」轉向「產品驅動」，PM 需要學會管理變革

4. **所有選項數量接近（沒有明顯主導類型）**

   👉 你的公司可能缺乏明確的產品決策方向，或目前處於混亂期。

   👉 這可能代表：

   - 組織缺乏明確的優先順序，PM 需要幫助團隊找出核心目標
   - 公司文化尚未穩定，不同部門各自為政，導致決策權不明確
   - PM 需要更了解高層的意圖，並嘗試影響決策模式

PM 如何根據結果調整策略？

測驗結果	公司的決策模式	PM 需要的策略
60% 以上集中在一類	決策權明確，PM 影響力來源單一	學習如何與該利害關係人合作，例如強化商業分析、技術理解或數據驅動能力
30%-50% 兩類占比相近	需要在兩個核心驅動模式間平衡	建立雙向溝通機制，確保產品不會過度偏向其中一方
20%-35% 三類占比接近	決策權較分散，PM 需整合不同部門	提升影響力管理能力，確保產品策略不會失焦
所有類型接近，無明顯主導者	決策模式混亂，公司可能缺乏明確方向	主動釐清公司核心目標，幫助組織建立更清晰的產品決策流程

這家公司為什麼要聘請 PM？

依據小測驗可得知，PM 的角色，在不同的產業特性、創辦人風格、公司文化及不同發展階段，可能有截然不同的定位。這時我們可以透過**詢問幾個關鍵問題**，來判斷公司對 PM 的期待是什麼：

❓ 這家公司有 PM 之前，產品決策是誰做的？

_____

_____

_____

_____

_____

_____

舉例：
- 如果是**創辦人決定**→你很可能只是他的執行者。
- 如果是**技術團隊主導**→你的影響力取決於工程團隊對 PM 的信任。
- 如果是**業務團隊推動**→你的工作會更多是滿足市場需求，而非真正的產品創新。

❓ PM 在這間公司的「影響力象限」在哪裡？

_____
_____
_____
_____
_____
_____
_____

舉例：

策略型PM 高決策參與度 高決策影響力 你能夠真正影響產品發展	顧問型PM 高決策參與度 低決策影響力 你可以提出建議，但最終決定還是在其他部門
戰術型PM 低決策參與度 高決策影響力 你可以決定小範圍的產品方向，但整體策略仍由高層制定	執行型PM 低決策參與度 低決策影響力 你只是負責 backlog 和專案管理，影響力極低

❓ PM 的決策範圍在哪裡？
___

舉例：
- 你是否有權決定「這個需求是否應該做」？
- 你是否可以主導「產品的長期策略」？
- 你的 KPI 或 OKR，是「產品指標」還是「開發進度」？

❓ PM 的角色是「主導決策」還是「確保開發順利」？
___

舉例：
有些公司聘請 PM，並不是因為他們需要產品策略，而是因為**他們需要一個「負責管理開發流程」的人。**

如何判斷？

- ✓ 如果 PM 不在了，這間公司會受到影響嗎？
  - 是的，因為沒有人懂市場和用戶需求（PM 影響力高）。
  - 不會，因為業務和工程師還是能繼續開發產品（PM 影響力低）。

- ✓ 公司對 PM 的關鍵指標是什麼？
  - 如果是「產品數據」→這間公司重視 PM 的策略能力。
  - 如果是「開發進度」→這間公司更像是在找專案經理，而不是產品經理。

公司對 PM 的限制，真的無法突破嗎？

有時候，PM 會覺得「公司不讓我參與決策」，但也有些事情是可以爭取的，舉例：

☐ 如果公司本來不讓 PM 參與決策，那麼如何提升自己的話語權？

- ✓ 爭取更多決策資料的透明度：「可否讓 PM 參與業務策略會議，理解決策背景？」
- ✓ 主動提供有價值的分析：「我整理了一些市場數據，對我們的產品策略可能有幫助。」
- ✓ 建立跨部門聯盟：「業務部門和技術部門的溝通是否可以更順暢？PM 可以幫助協調。」

☐ PM 如何突破公司的「業務驅動文化」？

- ✓ 提供數據來挑戰業務需求：「這個功能真的會帶來收益嗎？我們有數據來支持這個決策嗎？」
- ✓ 尋找產品導向的高層盟友：「在高層裡，有沒有人支持產品策略思維？」

還值得留下來嗎？還是該轉換？

當你發現自己在一個「PM 不容易發揮影響力」的環境時，你有兩條路可以選擇：

1. **適應並嘗試影響組織**
   - 如果公司還有機會成長，PM 仍然有可能在未來獲得更大的影響力。
   - 嘗試影響決策方式，讓公司更加重視 PM 的價值。

2. **轉換環境，尋找更適合的公司**
   - 如果公司根本不需要 PM，而你想要做的是策略性產品管理，那麼你應該尋找更適合的環境。
   - 你的職涯時間有限，把時間花在正確的地方，比硬撐在錯誤的環境更重要。

Take Away：你的影響力，來自於公司的需求與文化

- ✓ 如果公司本來不重視 PM，那麼你需要額外努力爭取話語權。
- ✓ PM 的影響力，取決於公司文化與驅動方式。
- ✓ 如果這個環境無法突破或對於你的職涯發展無法有加乘效果，那麼或許考慮轉換，尋找更適合自己的地方。

在做出最後決定前，先稍等，下一階段，將聊聊如何看透並改變自己的影響力層級。

第四節 讀懂組織的決策層級，找到自己的影響力位置

> 你的職位，不等於你的實質影響力。

前面我們有提到，許多 PM 會有這樣的疑問：

- 「為什麼我明明是 PM，但在這間公司，好像沒有真正的決策權？」
- 「為什麼有些工程師或業務人員，反而比我更能影響產品方向？」
- 「當我的建議被無視，或者決策權在別人手上時，我應該怎麼辦？」

這是因為，在一家公司裡，真正的影響力來自於「決策層級」，而不是你的職位名稱。

- PM 的影響力大小，取決於你在決策結構中的位置。
- 即使你是 PM，如果你不在決策層級內，那麼你的影響力仍然有限。

- 相反地，即使你不是 PM，如果你掌握決策影響圈，你一樣可以影響產品方向。

這一節將幫助你**讀懂公司內部的決策結構**，找到關鍵影響圈，並設法讓自己成為決策過程的一部分。

> 行動指南：關鍵五步驟——有效提升自己的影響層級

> 你不需要職權，但你需要影響力。

在一個公司裡，真正能驅動決策的，從來不是「職位名稱」，而是「影響力」。

- 有些 PM 名義上是「產品經理」，但其實只是專案執行者，沒有影響力。
- 有些資深工程師、業務主管，甚至行銷人員，雖然不是 PM，卻能影響產品方向。
- 影響力，不是等別人給你的，而是你主動爭取的。

這一節，我們將提供五個具體的行動步驟，幫助你從「執行者」提升到「決策影響者」，讓你的意見被重視，讓你的產品觀點能夠影響高層決策。

步驟 1：觀察權力結構，找到決策核心

你不能只埋頭做事，你需要理解決策是如何產生的。

讓我們試著回答這些問題：

❓「誰真正決定產品方向？」是 CEO？是業務主管？還是某個資深工程師？列出 5 位影響決策的關鍵人物，分析他們的思維模式。

_____
_____
_____
_____
_____
_____
_____

❓「決策的依據是什麼？」觀察決策是如何產生的，是基於數據、直覺，還是業務需求？

_____
_____
_____
_____
_____
_____
_____

❓「PM 在這個決策流程中的角色是什麼？」是參與者，還是執行者？怎麼做，更容易讓自己的**意見能被這些人接受**？

_____
_____
_____
_____
_____
_____
_____

步驟 2：建立可信度，讓你的聲音被聽見

PM 的影響力，不是來自於「職稱」，而是來自於「可信度」。

如果自己提出的建議，經常被忽略，那可能要問自己：

❓ 我的觀點，對決策者來說，是否足夠有價值？為什麼？

_____
_____
_____
_____
_____
_____

❓ 我的意見，是基於數據與市場趨勢，還是單純的個人感覺？我提供建議前，會做哪些準備？有具體證據去支持我的觀點嗎？

_____
_____
_____
_____
_____
_____
_____

❓ 決策者是否信任我的判斷？為什麼？

_____
_____
_____
_____
_____
_____
_____

可信度來自於什麼？

1. 數據與市場洞察：「這個功能有 75% 的用戶需求，我們應該優先考慮。」
2. 競爭對手分析：「我們的競爭對手剛推出這個功能，我們注意到，市場上有 OOO 變化，如果不跟進，可能會流失 20% 用戶。」
3. 產品成長邏輯：「如果我們優先做這個功能，能夠提升 15% 的用戶轉換率。」

4. **過往累積的實際 Credit**：「在其他公司過去曾做過什麼樣的專案」or「在這間公司有成功案例讓決策者可以安心」

行動指南

- ✓ 以數據和市場分析支持你的觀點，而不是單純表達個人看法。
- ✓ 建立「影響力網絡」，尋找支持你的盟友，確保你的建議有更多人推動。
- ✓ 關注競爭對手的動態，確保你的產品策略是基於市場趨勢，而不是閉門造車。

步驟 3：提升決策參與度，進入策略討論

如果你不在決策會議裡，你的影響力就會受限。

很多 PM 之所以沒有影響力，是因為**他們根本沒有參與策略討論**。

❓ 我有參與公司的產品策略會議嗎？目前有哪些人、角色會被邀請參與這樣的會議呢？

_____

_____

_____

_____

_____

_____

❓ 當公司討論新產品方向時，我的意見有被考慮嗎？

_____

_____

❓ 我是「被動執行」決策，還是「主動影響」決策？目前這樣運作的可能的原因是什麼呢？

❓ 如果可以參與高層產品策略類型的討論，我會選擇哪一個會議，為什麼我認為這對我有價值呢？

❓ 我打算如何跟主管說想參與這些會議的想法?主管可能會有哪些顧慮?我有哪些配套?

_____
_____
_____
_____
_____
_____
_____

❓ 我可以如何讓自己在會議中提供有價值的資訊、對公司或主管有幫助,而不只單純**可有可無的影子**?

_____
_____
_____
_____
_____
_____
_____

舉例:
- 可能要知道主管與公司界線、提前準備數據與分析。
- 記錄策略會議的關鍵討論點,私下和主管及決策者交流,找機會提供額外洞察。

步驟 4：從解決問題，轉變為設計決策框架

有時候，決策者不想被說服，他們想要「自己得出結論」。

很多 PM 在提案時，會直接告訴決策者：「我們應該做這個。」但決策者不一定會買單，因為**這會讓他們覺得你在強迫他們接受你的觀點**。正確的做法是，**提供一個決策框架，讓他們自己得出結論**。

- **錯誤做法**：「我們應該優先開發這個功能！」
- **正確做法**：「如果我們做這個功能，根據市場數據，我們可能提升 15% 轉換率。但如果我們選擇 B 方案，則可能帶來更多新用戶。你怎麼看？」

行動指南

- ✓ 提供決策框架，而不是直接推銷你的觀點。
- ✓ 建立 OKR 或優先級評估模型，幫助團隊做更理性的決策。
- ✓ 用「數據 + 案例 + 競爭分析」，讓決策者自己得出和你相同的結論。

步驟 5：影響你的主管／老闆，獲取授權

老闆不一定理解 PM 的價值，但你可以幫助他理解。

如果你發現自己總是被當成「專案執行者」，而無法影響決策，你需要問自己：

❓ 滿分 10 分，我在主管／老闆心中的可信度是多少？為什麼？

_____

_____

_____

_____

❓ 我的主管／老闆對我的期待是什麼？平常會肯定我的哪些表現？

❓ 我的主管／老闆，通常基於什麼方式決策？他們在乎的，我現在可以提供嗎？如果不行，我可以怎麼做？

❓ 我的主管／老闆，願意把更多產品決策權交給我嗎？為什麼？

❓ 如果我明天離職，公司會覺得少了一個得力的工作者，還是只會覺得少了一個可有可無的人？

不同類型的老闆，需要不同的溝通方式，舉例：
- **數據驅動型老闆**→提供市場數據與分析，讓他用數據決策。
- **直覺決策型老闆**→用競爭對手案例，影響他的決策思維。
- **風險敏感型老闆**→先降低決策風險，提供 MVP 測試方案，讓他更容易採納你的建議。

行動指南

✓ 找出主管／老闆的決策模式，調整你的影響策略。
✓ 讓主管／老闆覺得你的決策方式「值得信任」，他才會放心授權給你。
✓ 示範你的價值，讓老闆看到「如果給你更多權限，你能帶來更好的結果」。

Take Away：影響力來自於「主動爭取」，而不是「被動等待」

✓ PM 的影響力，來自於你是否能進入決策層，而不是你的職位名稱。
✓ 如果你現在影響力很低，第一步是理解公司的決策結構，並找到進入決策圈的方法。
✓ 最重要的是，影響力不是「等別人給你的」，而是「你自己爭取來的」。

更進階了解公司的決策權力圈：你在哪個層級？

每間公司的決策方式不同，但通常可以分成三個層級：

最高決策圈（High-Level Decision Maker）

🔧 核心決策者，最終掌控產品方向

❏ 誰在這個層級？
- 創辦人 /CEO
- 產品長 / 產品 VP
- 研發主管 /CTO
- 營運或業務負責人（特別是在業務驅動型公司）

❏ 這層的特點：
- 他們不管細節，只關心「這個決策如何影響整個公司」。
- 產品策略與公司策略通常是同步的，他們決定產品的優先級與資源配置。

影響決策圈（Decision Influencer）

🔧 可以影響決策者，但不一定是最終決策人

☐ 誰在這個層級？
- 產品總監 / 高階 PM
- 資深工程師 / 技術 Lead
- 業務總監 / 市場負責人
- 數據分析師（在數據驅動的組織）

☐ 這層的特點：
- 他們的分析與意見，可以影響決策者的選擇。
- 決策圈內的關鍵人物，通常會參考這些人的建議。

這也是 PM 最需要切入的層級。如果你無法直接影響 CEO，那麼你應該影響這些人，讓他們幫你說話。

執行決策圈（Execution Layer）

🔧 負責執行決策，但無法影響方向

☐ 誰在這個層級？
- 產品經理（如果被當成執行者）
- 一般工程師
- 設計師
- 專案管理者

☐ 這層的特點：
- 他們負責確保事情有被做好，但無法影響「要做什麼」。
- 如果 PM 只是停留在這一層，那麼你的影響力就會非常有限。

📖 小測驗：組織影響力矩陣——你現在在哪個決策層級？

- 目的：幫助 PM 分析自己在公司內的影響層級，判斷如何提升決策參與度。
- 使用方式：請根據以下兩個維度評估自己目前的影響力，繪製自己的組織影響力矩陣。

影響力範疇	低（1分）	中（3分）	高（5分）
我是否參與高層決策？	只負責執行決策	偶爾能提供建議	積極參與，影響策略
我的意見在公司內部是否被重視？	大部分意見被忽略	需要努力爭取發聲機會	我的意見能影響決策
我是否有機會推動跨部門變革？	幾乎無法影響其他團隊	只能影響小範圍	能有效協調並影響多個團隊
我的工作影響業務成長嗎？	主要負責細節與執行	偶爾能影響產品優先級	我的決策直接影響業務方向
我是否擁有資源來推動關鍵專案？	資源有限，需依賴他人	部分資源可控	可主導資源分配與決策

- ❓ 總分 5-10：你目前處於執行層，需提升你的影響範圍
- ⚠️ 總分 11-18：你有一定影響力，但仍需找到更好的突破點
- ❌ 總分 19-25：你已經在影響決策，應思考如何進一步擴大影響力

🔧 下一步建議：

- 影響力低→尋找更多機會參與決策，增加曝光度
- 影響力中等→強化跨部門合作，讓自己的聲音更有分量
- 影響力高→開始影響公司文化與產業發展

如何讓自己進入決策影響圈？

如果你發現自己只是個執行者,而不是決策者,那麼你應該開始思考:如何進入影響決策圈?

策略 1：找出決策者真正關心的事

決策者不會因為你的職位聽你的話,他們只會因為「你的觀點對他們有幫助」而聽你的話。因此,要能了解,他們最在乎什麼(可分短中長期階段)?

❓ 公司決策者最關心的是什麼？

_____
_____
_____
_____
_____
_____
_____
_____

舉例：
- CEO 關心的是「整體商業成長與市場競爭」。
- 研發主管關心的是「技術可行性與開發成本」。
- 業務主管關心的是「客戶需求與營收成長」。

你的觀點,必須跟他們的關注點對齊,才能讓你的意見有影響力。

策略 2：影響有影響力的人

如果你無法直接影響 CEO，那麼你應該試著影響能影響 CEO 的人。

❓ 我是否能影響我的主管？讓他在高層會議中幫我發聲並影響產品？為什麼？

_____
_____
_____
_____
_____
_____
_____

❓ 我是否能影響技術 Lead？讓他幫助我推動技術決策並影響產品？為什麼？

_____
_____
_____
_____
_____
_____
_____

❓ 我是否能影響其他部門？讓他們認同我的產品策略？為什麼？

_____
_____

PM 不一定要直接參與決策,但 PM 必須辨識決策圈,並對此發出影響力。

策略 3:利用數據與市場分析,讓你的意見更具份量

❓ 我平常有在做哪些數據分析?

定期的有:

不定期的有:

❓ 我如何判斷,我所製作的數據分析,以及洞察,是否真的對產品有直接幫助?而不是只是有做、或是很間接的效果而已?

❓ 是否有實際成功案例,可以支撐我的產品實驗或數據分析結果?

- ✓「如果我們做這個功能，市場數據顯示我們可能提升 15% 轉換率。」
- ✓「競爭對手剛推出這個功能，我們如果不跟進，可能會流失 20% 用戶。」

決策者通常不會被個人意見說服，但他們會被數據與市場趨勢說服。

策略 4：參與跨部門討論，提升自己的話語權

❓ 我是否主動參與業務、行銷、技術部門的會議？

_____
_____
_____
_____
_____
_____
_____

❓ 我是否有建立跨部門的人際網絡，讓他們信任我們同一陣線，或確保我的想法能夠被更廣泛接受？

_____
_____
_____
_____
_____
_____
_____

小結：PM 的影響力來自於「如何運用自己的角色」進入「決策層級」，而不是「職位名稱」

✓ 如果你不在決策層級內，你的影響力就會非常有限。
✓ PM 的關鍵職責之一，是讓自己進入影響決策圈，而不是只是執行別人的決策。
✓ 如果你想提升影響力，你需要影響決策者，而不是只專注於執行需求。
✓ 「我的分析，是否能改變決策者的想法或真的對產品帶來好處？」比「我有沒有參與會議」更重要。
✓ 「我可以影響決策者嗎？」比「我是 PM」更重要。
✓ 「我的建議會被採納嗎？」比「我的職稱」更重要。

R / 觀點

到這邊，可以休息一下。個人這是全書比較吃力的章節之一，因為這像是第一、二章回頭看見自己，而是要抬頭，看看外在環境。

即便再不情願，有人的地方，就是有江湖，對吧？

因此當談到這裡，我們可以暫停一下想一想，到目前為止，

1. 我們是否認同公司的願景？
2. 我們是否認為公司願景的落地方式是可行且有說服力的？
3. 我們是否認同公司的決策方式正帶著我們走向更有好的道路（是利潤、市佔率還是哪一種「好」就看個人及公司追求而定）？
4. 上述，與你在第二張所填寫的願景與價值觀，是否有抵觸？

當我們提到要了解老闆或者關鍵決策者，不是因為他們是高層，而是因為，只有當我們對公司願景或目標有所認同，才能發自內心想要投入更多、想著怎麼把事情做更好！畢竟，一個不喜歡自己工作或環境的人，是很難願意、或者還有動力或力氣去發揮影響力的。

如果你覺得，上述都還 ok，只是需要更好的方式落地，那麼這就是下一章所要討論的重點。

第四章

如何突破現有困境，
打造目標導向的高效團隊

> **PM 不是單打獨鬥的角色，你的影響力，來自於讓團隊願意和你一起前進。**

PM 的成功，並不取決於個人能力，而是取決於**團隊整體的效率與方向**。許多 PM 都有這樣的困擾：

- 團隊在執行時常常失焦，沒有共同的目標
- 明明做了很多事情，但成果卻總是不如預期
- 團隊過度習慣依賴 PM，事事都要 PM 來推動，缺乏自主性

在開始前，請先思考以下幾個問題：

- 你是否經常覺得團隊「很忙，但成果不明顯」？
- 會議很多，但最後的決策還是不明確，甚至沒人知道要怎麼執行？
- 優秀的夥伴開始覺得沮喪，甚至離開，而留下來的人越來越消極？
- 你覺得「想要推動一個改變」很困難，因為沒有人真正有 Ownership？

如果這些問題讓你有強烈的共鳴，那麼你的團隊可能正處於「**低效運作**」的狀態。而這些問題的核心，不是 PM 個人的問題，而是**團隊運作模式出了問題**。

PM 需要的不只是管理需求，而是**打造一支高效、自驅且以目標為導向的團隊**，讓大家的目標對齊、溝通順暢，讓產品開發更順利。同時，如能學會建立一種健康回饋的合作文化，讓每個人都能發揮最大的價值，那更是超乎預期的影響力。

本章將與你一起：

- 理解你的團隊目前的運作狀況（低效 vs. 高效）
- 學會如何調整團隊協作模式，確保大家對齊目標
- 找到適合你的管理方式，讓團隊更有動力

我們將透過**測驗**來幫助你辨識問題，並探討影響團隊效率的**五大關鍵因素**。

第一節 認識自己的團隊現況

📖 小測驗：你的團隊是自主性高的高效團隊嗎？

這個測驗將幫助你了解團隊目前的運作狀況，判斷它是**低效、過渡、穩定提升，還是高效**，並提供相應的改善建議。

測驗問題與選項

測驗：你的團隊目前處於什麼狀態？

請根據你的真實感受選擇最符合的選項，最後計算分數，看看你的組織目前處於哪個階段！

#	問題	A	B	C	D
1	團隊開會時，大家對目標的理解是？	每個人說的好像不太一樣，甚至有時候目標會改來改去	大方向清楚，但細節常需要額外對齊	目標明確，大家基本上知道該往哪走	目標不只清楚，還有具體衡量標準，所有人都對齊
2	你們的決策方式通常是怎麼來的？	常常臨時決定，或者拍腦袋決策	有些流程，但有時會因主管決定而變動	以數據為主，決策邏輯還算清楚	決策機制很透明，團隊知道怎麼參與、變更也有 SOP

#	問題	A	B	C	D
3	在團隊裡，大家對不同意見的態度是？	很少有人敢反對，怕麻煩或怕被釘	偶爾有人提意見，但最後還是主管決定	只要有數據或合理邏輯，大部分人願意接受不同觀點	團隊很鼓勵不同想法，決策是依據討論結果而非職級
4	團隊的開發流程是？	目前沒有具體流程，需求常變更，上頭說什麼就趕快做什麼	有基本流程，但每個專案都不同，還在摸索	有既定的開發流程，但有點僵化	有清晰的開發流程，並會持續優化迭代，保持品質與效率
5	團隊內部溝通協作的狀況如何？	資訊經常不同步，各做各的，常出現重工或遺漏	基本溝通沒問題，但偶爾會有資訊落差	溝通機制還算完整，大部分時候資訊透明	協作非常順暢，有完善的溝通工具和即時更新機制
6	工作職責和分工的清晰度如何？	責任邊界很模糊，遇到問題容易互相推諉	大概知道誰負責什麼，但邊界有時還是不清楚	職責分工算清楚，但偶爾還是會有重疊或空白	每個人的職責非常明確，且有完整的責任歸屬機制
7	遇到問題時，團隊通常怎麼處理？	通常等 PM 或主管來解決，很少主動想辦法	會討論但最後還是要上報請示	團隊會主動嘗試解決，真的解決不了才求助	有很強的自主解決能力，還會主動預防問題發生
8	你對自己在這個團隊的職涯發展方向清楚嗎？	完全不知道，公司也沒明講未來發展	大概知道方向，但沒人告訴我具體該怎麼做	公司有一些成長計畫，主管偶爾也會給建議	職涯路徑很清楚，知道努力方向和所需技能

#	問題	A	B	C	D
9	你覺得團隊對「做得好」的標準明確嗎？	每個人標準不同，做完就好	大概知道，但常常有臨時變動	交付標準清楚，大家知道怎麼做才算「好」	成功標準很明確，每件事都有清楚的衡量依據
10	團隊對專業知識和技能的掌握程度如何？	知識明顯不足，經常需要外部支援或學習	基本技能OK，但碰到複雜問題就有點吃力	專業能力不錯，能應付大部分工作需求	專業水準很高，還能主動學習新技術和知識
11	團隊裡，是能力強的人機會比較多，還是關係好比較重要？	誰比較會「說話」就比較有機會	有時候跟主管的關係比能力重要	通常能力強的人比較容易被看到，但還是要自己爭取	只要有實力，機會自然會來，公平性很高
12	你們會定期檢討工作方式，並且真的有改善嗎？	不太會檢討，大家只想趕快做完	有開檢討會議，但實際改善有限	會反思和調整，但執行力還有待加強	會持續優化工作方式，並且願意嘗試新方法提升效率

測驗結果

請計算你的選項分數：

- A 選項：1 分
- B 選項：2 分
- C 選項：3 分
- D 選項：4 分

你的組織目前處於哪個階段？

總分範圍	組織成熟度	你的團隊目前的特徵
12~21 分	🚀 創新探索型	團隊靈活但混亂，缺乏穩定的目標、流程與協作機制。需要建立基礎決策與目標共識。
22~30 分	🔍 轉型適應型	團隊已經建立一定的流程與角色分工，但仍然容易受變更影響，需要強化決策透明度與跨部門協作。
31~39 分	⚙ 內部優化型	團隊有基本的穩定運作模式，但仍有部分流程與責任劃分需要優化，需要確保資訊流動順暢，提升團隊的自主性與決策能力。
40~48 分	⌛ 高效規模型	團隊已經建立成熟的決策、開發與協作流程，能夠靈活應對變更，並持續優化組織效率。

根據測驗結果，我們可以發現**高效 vs. 低效團隊**的關鍵差異來自以下五個因素：

❶ **目標不清晰**──做很多事，卻不知道為什麼這麼做
❷ **決策過程混亂**──會議開完還是不確定下一步
❸ **責任歸屬不明確**──有人做很多，有人躺平沒事做
❹ **缺乏學習與成長文化**──沒有人檢討錯誤，問題不斷重複發生
❺ **缺乏公正性**──能力強的被壓榨，低效的人卻待得很好

測驗進階使用步驟

1. 查看你測驗分數最低的類別，這就是你的**團隊效率瓶頸**
2. 對應表格中「可能的解決方向」，找出適合你團隊的改善策略
3. 優先解決最嚴重的，且是你可控的問題，不要試圖一次解決所有問題，逐步優化才能真正提升團隊效率

團隊問題診斷與改善建議對照表

問卷題號	診斷類別	可能的問題	改善建議
Q1	目標與執行	團隊對目標理解不同，或知道目標但不知道如何落地執行	✓ 先確認公司對目標的想像足夠清晰 ✓ 確認 PM 的或產品專案的目標有可衡量的量化指標 ✓ 檢視平常的決策和所做的事情是否符合目標
Q2	決策方式	領導層決策反覆變動，或決策流程不透明，導致團隊困惑	✓ 建立透明的決策機制，提升數據驅動決策能力，減少主觀判斷帶來的變動 ✓ 要建立透過數據決策獲得更好業績或關鍵指標表現的 small win
Q3	團隊文化	內部缺乏開放討論的文化，或過度階層化影響意見表達	✓ 建立心理安全感，鼓勵不同觀點，設立匿名回饋機制，讓每個人都能表達意見
Q4	開發與流程	需求變更頻繁，開發流程混亂，影響交付品質和效率	✓ 建立標準開發流程，引入敏捷方法，設置需求變更控制機制，減少開發中斷
Q5	溝通與協作	資訊傳遞經常出錯，團隊成員各自為政，缺乏有效協作	✓ 建立定期溝通機制（如 daily standup、週會），使用協作工具，確保資訊透明
Q6	職責與分工	責任邊界模糊，遇到問題時容易相互推諉，影響執行效率	✓ 明確劃分角色與責任，建立 RACI Matrix，定期檢視和調整職責分工
Q7	團隊自主性	團隊過度依賴主管，缺乏自主解決問題的能力和習慣	✓ 建立「團隊當責制」，授權決策，鼓勵主動解決問題，提供必要的支援和培訓
Q8	職涯發展	員工對未來發展方向不清楚，缺乏成長動力和方向感	✓ 建立清晰的職涯發展路徑，定期進行職涯對話，提供技能發展機會和資源

問卷題號	診斷類別	可能的問題	改善建議
Q9	產出標準	不同成員對工作標準認知不同，影響交付品質的一致性	✓ **制定清晰的工作標準和驗收標準**，建立品質檢核機制，確保產出一致性
Q10	專業知識	團隊專業能力不足，無法應對複雜挑戰或新技術需求	✓ **建立學習型團隊文化**，提供內部培訓和知識分享，鼓勵持續學習和技能提升
Q11	績效與公平	績效評估不公平，或優秀表現沒有得到應有的認可和機會	✓ **建立公平的績效評估機制**，明確升遷標準，確保能力與機會的正向連結
Q12	學習與創新	團隊缺乏持續改善的文化，無法從經驗中學習和優化	✓ **建立定期回顧機制**，鼓勵實驗和創新，將學習成果轉化為具體的流程改善

進階彙整分析：

類別	可能的問題	改善建議
目標與執行	團隊對目標理解不同，或知道目標但不知道如何落地。	✓ 舉辦更頻繁的 OKR/目標對齊會議，確保每個人都理解如何執行，提供明確的行動計畫。
決策效率	領導層決策反覆變動，導致團隊無法專注推進。	✓ 提升數據驅動決策能力，確保決策有邏輯，減少需求變更帶來的混亂。
開發與流程	需求變更頻繁，流程混亂，影響交付品質。	✓ 建立標準開發流程，引入 Sprint Buffer 機制，減少開發中斷。
溝通與協作	需求傳遞經常出錯，導致開發與業務對焦困難。	✓ 設立定期對齊機制（如 daily standup、週會），確保資訊透明與即時回饋。

類別	可能的問題	改善建議
職責與分工	責任邊界模糊，遇到問題時容易相互推諉。	✓ 明確劃分角色與責任，建立 RACI Matrix，確保大家清楚自己的職責。
團隊自主性	團隊過度依賴 PM，缺乏自主解決的習慣或心態	✓ 建立「團隊當責制」，鼓勵成員主動尋找解決方案，減少對 PM 的依賴。
產出標準	不同部門對成功標準的認知不同，影響交付品質。	✓ 制定清晰的驗收標準，確保所有人對「做好」的定位一致。
專業知識	團隊對產業、使用者或技術不熟悉，影響決策與執行。	✓ 提供內部培訓與知識分享，確保團隊能夠掌握關鍵領域知識。
文化與環境	內部信任度低，合作意願不高，影響執行效率。	✓ 強化組織透明度，建立高信任度的團隊文化，減少政治內耗。
學習與創新	團隊不具備學習型思維，無法提升工作效率。	✓ 建立學習型團隊文化，鼓勵使用 AI、自動化工具來優化流程，提高生產力。

這樣的方式讓測驗結果更有行動指引，PM 可以根據測驗結果直接找到「為什麼我們不是高效團隊？」，並有針對性的解決方案！

高效 vs. 低效團隊：更多案例與關鍵差異分析（執行層面）

團隊的效率，不只是「做了多少事情」或「看起來很忙」，高效團隊的本質也不是因為個別成員更厲害，而是團隊整體的**協作機制更穩定、決策流程更清晰、資訊更透明**。本分析透過**五大核心指標**，對比**低效 vs. 高效**的團隊運作模式，並提供實際案例，幫助你找出團隊可能的問

題點,讓未來能更**準確聚焦在對的目標、以對的方法、透過適合的人來完成工作**。

A. 目標與方向:對齊 vs. 迷失

比較項目	低效團隊 😵	高效團隊 🚀
目標一致性	每個人對目標的理解不同,導致執行方向混亂。	團隊對目標有共識,並且理解為什麼要做這件事。
優先順序	需求與策略反覆修改,優先級經常變動。	目標與優先級經過清晰討論,決策穩定且可預測。
成功標準	沒有明確的成功定位,產品上線後才發現與期待不同。	有具體的衡量標準(KPI/OKR),確保團隊對成功的定位一致。

> **案例分析** 目標不清楚 vs. 方向明確的團隊
>
> 狀況 1
>
> 🚨 **案例 A(低效團隊)**
> - PM 每天在催進度,工程師覺得自己只是「寫 code」,設計師覺得 PM 只是「丟需求」。
> - 團隊沒有共同的目標感,導致開發的功能常常和市場需求脫節,最終效果不如預期。
>
> ✓ **案例 B(高效團隊)**
> - 每個人都清楚自己對「產品成長」的貢獻,討論不只是「這個功能要不要做」,而是「這個功能能不能提升我們的核心指標?」
> - 這樣的團隊目標明確,成員知道自己做的每件事都在推動整體戰略。

狀況 2

🚨 **低效團隊案例**

PM ：「我們這次的目標是提升轉換率！」

工程師：「具體是指哪個轉換？註冊轉換？付費轉換？」

設計：「我們這次主要在優化 UI，轉換率應該不是重點吧？」

業務：「轉換率提升很重要，但客戶其實更在意客服回應速度！」

👉 結果：目標不明確，團隊花時間做了許多事，卻無法產出有價值的結果。

✓ **高效團隊案例**

PM ：「我們的目標是提升新用戶 14 天內的留存率，因為數據顯示這會直接影響 LTV（顧客終身價值）。」

工程：「了解，那我們會優化導覽流程，確保用戶更容易理解產品價值。」

設計：「我們可以簡化 onboarding 流程，並增加關鍵指引，提高轉換率。」

業務：「我們同步優化 email 觸達策略，確保用戶在關鍵時刻收到提醒。」

👉 結果：目標清楚，每個人都知道該如何貢獻，並且策略方向一致。

B. 決策過程：混亂 vs. 果斷

比較項目	低效團隊 😵	高效團隊 🚀
決策方式	依靠直覺或個人喜好，決策缺乏數據支持。	以數據為基礎，決策邏輯透明、可追蹤。
決策一致性	頻繁變更策略，導致執行團隊無所適從。	一旦決策通過，團隊有共識並專注執行。
應對突發狀況	缺乏應對計劃，問題發生時只會臨時應變。	預先設計變更機制，突發狀況能快速應對。

👎 低效團隊案例

PM ：「這個功能我們做了，但現在決定不推了。」

工程：「可是已經開發了一半？」

PM ：「嗯……但業務說客戶現在想要另一個功能。」

👉 結果：決策反覆，資源浪費，影響團隊士氣與交付能力。

✓ 高效團隊案例

PM ：「我們這階段的目標是提升**新用戶 14 天內的留存率**，數據顯示這個功能能提升 15% 轉換率，是最符合目標的方式，因此我們優先開發。」

業務：「符合目標很好！但客戶有疑問，是否另一個功能更能符合目標？」

PM ：「這邊有 xx 數據，可讓你與對方溝通。建議先用最短時間快速驗證假設，並視實際狀況調整。」

👉 結果：決策有邏輯依據，避免因突發狀況導致策略失焦。

C. 開發流程：混亂 vs. 高效

比較項目	低效團隊 😱	高效團隊 🚀
開發流程	需求變動頻繁，時程混亂，交付品質不穩定。	有標準開發流程，確保穩定交付。
需求文件	每一個細節規則都要寫得非常仔細，例如 email 要 PM 定義只能用 email 格式，才能進開發。	產品經理只需要寫出重點商業邏輯、產品規則、用戶使用情境與預期結果，團隊以專業知識共同完整與開發。
技術負債	沒有長期規劃或缺乏領域專家領導，技術負債持續累積。	技術決策有規劃，避免長期負擔，有系統地規劃可複用的組件，不用每次都重新開發。

狀況 1

🎭 **低效團隊：需求落地困難，文件不夠完整就無法開發**

開發團隊：「這個 API 參數到底要怎麼設計？文件沒寫啊，等 PM 補充好了再開發吧。」

PM（崩潰）：「你們可以自己判斷一下嗎？」

👉 結果：PM 沒有時間補完整文件，開發進度延誤。

🚀 **高效團隊：根據目標判斷，資訊 70% 也能執行**

開發團隊：「這裡沒寫 API 格式，但我們參考現有架構，先做初版，之後調整。」

PM：「沒錯！我們可以先按照現有架構和規格文件先做一版，只要確保安全與穩定性足夠，其他可以再依照用戶實際反饋調整。」

✓ 結果：開發團隊能夠獨立判斷，減少等待時間。

狀況 2

🎭 **低效團隊：所有問題都要 PM 來決定**

任何大小事都要 PM 來推動，團隊無法獨立決策

工程師 A：「這個 API 格式要怎麼設計？」

工程師 B：「這個 UI 細節要怎麼對齊？」

QA：「這邊測試有 Bug，PM 要不要決定怎麼改？」

PM（崩潰）：「這些你們都不能自己決定嗎？」

👉 結果：PM 成為所有決策的單一瓶頸，影響效率。

🚀 **高效團隊：團隊能獨立運作，PM 只處理關鍵決策**

工程師 A：「這個 API 格式我們參考既有規範，照這個方式來做。」

QA：「這個 Bug 影響小，我們直接修，影響大再跟 PM 討論。」

✓ 結果：PM 可以專注策略，團隊運作更順暢。

D. 團隊協作：被動受理 vs. 主動解決

比較項目	低效團隊 🎭	高效團隊 🚀
責任歸屬	碰到問題時互相丟皮球，沒人願意主動解決。	角色明確，出錯時團隊主動找解法。
跨部門合作	溝通效率低，各部門資訊不同步，需求經常在最後一刻才發現沒對齊。	部門間有明確協作機制，資訊透明，所有關鍵環節都提前對齊。
自主性	團隊過於依賴 PM 或特定角色，下指令才會行動，等事情發生後才處理問題。	團隊有高度主動性，PM 不需 micro-manage，成員能預測可能風險並提前準備。

狀況 1

🚨 **低效團隊案例**

　　PM ：「這個問題要修正。」

　　工程：「請 QA 先試著重現吧。」

　　QA ：「這個預期結果是什麼？Spec 寫清楚再說。」

☞ 結果：問題沒人負責，導致進度延遲。

✓ **高效團隊案例**

　　PM ：「這個 bug 影響到 xx 轉換率，預期要能讓用戶完成 xx 任務。」

　　工程：「我理解這個目標的需求，這個我來修，預計明天測試。」

　　QA ：「我同步測試，確保新版本沒有其他影響。」

☞ 結果：團隊有 ownership，遇到問題能快速解決。

狀況 2：最後一刻才發現問題

🚨 **低效團隊案例**（上線後才發現問題）

　　工程：「這次上線需要資料庫 migration，PM 怎麼沒有提醒我？」

　　PM ：「我怎麼知道需要找 DBA？」

　　工程：「PM 沒提醒，現在來不及了，只能延後上線。」

☞ 結果：團隊缺乏主動性，關鍵環節沒對齊，導致最後一刻才發現問題，影響產品穩定性。

✓ **高效團隊案例**（提前 7-14 天對齊）

　　工程：「這次 release 會涉及資料庫 migration，我已經跟 DBA 聯繫好。」

　　DBA：「了解，我們會準備測試環境，並提前模擬 migration，避免影響正式環境正常運作。」

PM：「收到！感謝兩位可靠的隊友！」

結果：團隊能預測可能的風險，提前規劃，確保上線順利進行，不影響業務營運。

E. Domain Know-How 模糊 vs. 深入

比較項目	低效團隊 😱	高效團隊 🚀
對業務理解	• 開發團隊對業務邏輯或技術環節掌握度低，需仰賴詳細的 Spec 指引，開發過程中常有誤解。 • 需求細節需 PM 反覆解釋，開發團隊對業務邏輯或技術環節掌握度低。	• 團隊成員對業務與技術的關鍵環節熟悉，能自主判斷需求可行性並提前溝通。
對技術理解	• 技術與業務脫節，需求無法落地，或有效問題。	• 技術與業務緊密結合，能提出最佳解法。

狀況

🚨 低效團隊案例

PM：「這個需求要做 A 功能，這是業務說的。」

工程：「這個需求的業務邏輯是什麼？用戶會怎麼使用？」

PM：「呃……我去幫你問問。」（工程師只能等）

結果：開發團隊缺乏產業與產品背景，所有細節都要 PM 來填補，造成效率低落、資訊落差大。

✓ 高效團隊案例

PM：「這個需求的核心目標是提升新用戶的轉換率，因為我們發現 xxx 行為會影響 LTV。」

> 工程：「了解，這跟我們之前分析的行為模式吻合，我們可以用 xxx 技術來加速開發。」
>
> 設計：「這個交互流程會影響用戶體驗，我們可以簡化並優化表單流程。」
>
> 👉 結果：團隊具備 Domain Know-How，PM 只需提供策略方向，成員能獨立思考最佳解法，執行速度加快，品質更高。

總結

低效團隊的 5 大特徵（團隊根本問題）

1. **目標不清楚**──每個人都在做事，但各做各的。不是不知道為什麼這麼做，就是只關注自己手頭的任務，無法看到全局。
2. **角色分工不明確**──有些事沒人做，有些事大家都做，資源浪費在重複勞動或無人負責的狀態中。
3. **決策過程混亂**──會議結束後，還是不確定下一步是什麼，甚至每個人理解的重點都不同。
4. **缺乏回饋與學習**──沒有人檢討過去的錯誤，問題一直重複發生，導致團隊逐漸失去改善的動力。
5. **缺少主人翁意識**──大家只是「完成任務」，而不是「主動優化產品」，缺乏對需求及成果效益的真正關注、也不認為自己需要學習 Domain Know How，給我規格讓我能把事情完成就好，成果如何不太在乎。

換句話說，高效團隊的 5 大關鍵要素是

1. **清晰的目標與成功標準**──確保每個人對「為什麼做這件事」有一致理解。
2. **穩定的決策流程**──減少不必要的變更，以數據驅動決策。

3. **標準化的開發流程**——明確的角色分工持續復盤成長的機制,同時也能高彈性應變不同突發狀況。
4. **高效的跨部門溝通**——資訊透明,確保所有人同步最新資訊。
5. **團隊自主性與責任感**——每個人對結果負責,能主動解決問題。

打造高效團隊,不是做更多事情,而是讓**團隊能專注在正確的目標上,高效執行,並持續優化!**

在接下來的章節,我們將探討如何針對這些問題,打造真正目標導向的高效團隊!

第二節 如何讓團隊從「執行任務」，轉變為「目標導向」？

- 「任務型團隊」vs.「目標型團隊」
- 如何讓團隊對齊目標？OKR / North Star Metric 的應用
- 行動指南：設定「有意義的目標」，讓團隊知道自己為什麼而努力

在許多組織中，PM 常面臨這樣的情況：

- 團隊成員只關心「自己負責的任務」，而不是「這項工作對產品或業務的影響」。
- 需求完成了，但成果未必達標，甚至沒人關心成效如何。
- 產品團隊像個「接單生產線」，只負責執行，而不是主動思考如何優化。

這樣的狀態，說明團隊仍停留在「執行者心態」，而非「驅動者心態」。如果你想要打造一支高效團隊，關鍵在於**如何讓團隊成員不只是完成任務，而是主動推動目標，並真正關心結果。**

什麼是「執行任務」vs.「驅動目標」？

- **任務型團隊**：成員專注於「完成分配的任務」，但未必理解整體目標。這樣的團隊容易缺乏創造力，難以在變化中靈活應對。

- **目標型團隊**：成員理解「為什麼做這件事」，並能主動提出改進方案。這樣的團隊能夠靈活調整，適應市場變化。

比較項目	執行任務型團隊 ☹	驅動目標型團隊 🚀
思維模式	只關心「把事情做完」，完成就不管了。	會思考「這件事對產品或業務的影響」，關心成果。
對需求的態度	PM 交辦什麼就做什麼，不會多問。	會主動質疑、優化需求，確保做的是最有價值的事。
對問題的態度	碰到問題等主管或 PM 來解決。	會主動找方法解決問題，而不是等指示。
對成功的定位	只關心「交付」了什麼。	關心「交付後是否真的有效」。
回饋與調整	交付後不關心後續數據，也不做迭代。	會根據數據回饋，調整策略並持續優化。

> **案例** 低效 vs. 高效團隊對同一需求的反應
>
> 🚨 **低效團隊**
>
> PM ：「我們需要新增一個推薦商品的功能。」
>
> 工程：「OK，我們按照需求做。」
>
> → 結果開發了一個推薦功能，但用戶根本不買單。
>
> 🚀 **高效團隊**
>
> PM ：「我們需要新增一個推薦商品的功能，因為數據顯示 XX% 的用戶在選購時猶豫不決。」
>
> 工程：「我們能不能先試著用簡單的方式驗證這個假設，比如 A/B 測試？」
>
> 設計：「我們能不能簡化 UI，讓推薦的商品更容易被注意？」
>
> → 最終，他們做了一個更有效的方案，提升了轉換率。

轉變關鍵：如何讓團隊驅動目標？

如果你的團隊還停留在「執行者心態」，你可以從以下幾點入手，慢慢轉變團隊的運作方式。

❶ 建立「目標導向」的文化

✓ 讓團隊知道「為什麼做」，而不只是「做什麼」
- 設計 OKR（目標與關鍵結果），確保每個人都知道**最終目標**是什麼，而不是只關心自己那一小塊工作。
- 在需求會議中，除了講功能要做什麼，更要說明「**我們想解決什麼問題？**」

✓ 將「交付結果」改為「交付影響力」
- 團隊的成功不應該只是「把功能做完」，而應該是「這項功能是否真的帶來價值」。
- 例如：開發完成的標準不只是「功能可以運行」，而是「這個功能真的能提升用戶轉換率 XX%」。
  - 小技巧：讓團隊習慣問自己：「這件事的成功指標是什麼？如果做完沒有效果，怎麼辦？」

❷ 設計「更有影響力的會議機制」

✓ 讓團隊在需求討論會議中「挑戰需求」
- 讓工程、設計、數據分析師都參與需求討論，並鼓勵大家質疑：「這個需求真的值得做嗎？」
- PM 不能只說「這個要做」，而應該提供數據支持，讓團隊能夠共同思考最好的解法。

✓ 導入 Sprint Review / 成果分享會
- 讓團隊看到自己的工作如何影響大局，而不只是開發完就結案。

- 例如：每次產品發佈後，回顧這個功能對業務數據的影響，並探討下一步如何優化。
  - 小技巧：不要只分享「做了什麼」，更要分享「結果如何」
    - ✗「這次我們開發了一個新的通知功能。」
    - ✓「這次我們新增了通知功能，讓活躍用戶增加了 15%。但我們發現 XX 用戶群沒什麼反應，下一步我們會調整通知時間點。」

❸ 讓團隊承擔結果，而不只是「完成工作」

✓ 讓團隊「擁有」某個業務指標，而不只是寫 code
- 例如，讓工程團隊負責「系統穩定性」，而不是只負責解 bug。
- 讓設計團隊負責「用戶體驗提升」，而不只是畫畫 UI。

✓ 設計「團隊級別」的成功標準
- 例如，每個業務小組都有自己的 KPI，不只是等老闆來評估成效，而是自己就能知道目標有沒有達成。

成功案例　讓團隊不只做「交付」，而是做「成效」

在某 SaaS 產品團隊，PM 原本只要求開發「報表功能」，結果做出來後發現用戶打開率低。

低效團隊：「我們照規格做完了，沒問題。」

高效團隊：「這個功能沒人用，可能是因為 UX 不直覺。我們能不能試試改變呈現方式？」

→他們最終調整了 UI，使開啟率提升 30%。

總結：從「執行任務」到「驅動目標」

❶ 建立目標導向文化：確保每個人知道「為什麼做」，不只是「做什麼」。
❷ 讓會議變成「影響力放大器」：團隊參與決策，而不是被動接收需求。
❸ 讓團隊承擔結果，而不只是交付：給團隊業務指標，確保他們真正關心成果。

反思時間

✓ 你的團隊現在是**執行者**，還是**驅動者**？
✓ 你有沒有給團隊「影響結果」的機會，還是只是要他們「做事」？
✓ 下次討論需求時，試試讓團隊問：「這個需求成功的標準是什麼？」

行動指南：讓團隊知道「為什麼而努力」

- 設計團隊的 OKR，確保每個人的工作都有清楚的價值鏈。讓成員知道自己手上的工作如何影響整體目標。
- 在每次會議中，強調「這件事對我們的產品目標有什麼影響？」這樣的討論能夠引導團隊聚焦在真正重要的事情上。

在下一節，我們將探討 PM 的角色，不只是「推進進度」，具體還可以如何「建立運作機制」，讓團隊長期運作順暢，而不只是靠 PM 一個人努力！

專有名詞解釋

什麼是 OKR？

💡 許多人聽過 OKR（Objective and Key Result，目標與關鍵結果），但真正導入時卻發現不太會用，或是用一陣子後不了了之。

為什麼會這樣？

常見問題：

1. 目標制定不明確或關聯度低
   - 目標（Objective）定得太模糊或太空泛，像是「提升產品體驗」，但團隊不知道怎麼落實。
   - 關鍵結果（Key Result）沒有明確數據，像是「讓用戶更滿意」，但沒有衡量標準。
   - 即便有 OKR 也不知道跟公司或是長期的目標關聯，或是與願景不一致或策略。

2. 沒有參與感
   - 團隊沒有參與 OKR 設定，而是由主管單方面制定，導致缺乏認同感。

3. 沒有好處
   - 跟績效考核或獎勵毫無關聯，完成 OKR 是一回事，但有沒有機會將個人表現回饋給團隊或個人。

用一個實際案例讓讀者理解。

錯誤示範：

🎯 目標：增加市場影響力

✓ 關鍵結果：**獲得更多媒體報導**（這太籠統，無法衡量，比較像是草稿）

比較好的做法：

🎯 目標（O）：提升新用戶留存率

✓ 關鍵結果（KR）：
　1. 提高新手任務完成率 25%
　2. 新手引導流程的平均完成時間縮短 30%
　3. 14 天內回訪率提高至 40%

這樣，團隊才知道具體該怎麼努力，而不是只看到一個「很棒但沒辦法執行」的大目標。

關鍵重點

- ✓ OKR 的目標（Objective）應該具備「方向性」，但不需要帶有數據（因為數據會放在關鍵結果裡）。
- ✓ 關鍵結果（Key Result）必須具體、可衡量，而且應該是有挑戰性但可實現的。
- ✓ OKR 不是 KPI，KPI（關鍵績效指標）是持續追蹤的績效數據，而 OKR 是幫助團隊對齊短期目標，提升專注力。

如果 OKR 導入後沒有人重視，該怎麼辦？

很多團隊「導入 OKR，但沒過幾個季度就不了了之」，通常有幾種可能的原因：

❶ **OKR 設定過於理想化，團隊不知道怎麼落地**
　➔ 許多組織在設定 OKR 時，**目標過於宏大**，但沒有細化行動方向，導致 OKR 變成「寫在牆上但沒人執行」的東西。

❷ **OKR 與日常工作脫節，變成額外的負擔**
　➔ 團隊日常還是用 KPI 來衡量工作績效，OKR 只是個「額外的作業」，沒有真正影響日常決策。

❸ **沒有定期回顧 OKR，最後變成「年終檢討」**
　➔ OKR 本來應該是**短期目標（如季度）**，但有些公司只在年初設定，結果到年底才來檢討，已錯過最佳時機。

❹ **組織缺乏「向上對齊」的共識，OKR 變成個人或部門的自嗨**
　➔ 如果高層沒有真正關心 OKR，團隊就算訂得再完整，也不會影響公司戰略，最終只是流於形式。

解法：如何讓 OKR 真正發揮影響力？

✓ 確保 OKR 與公司戰略對齊

☞ OKR 不是獨立存在的，它應該幫助公司推進核心目標。

- **錯誤示範**：「提升社群活躍度」 這可能是個不錯的指標，但如果公司戰略是「優化獲利」，那這個 OKR 可能沒優先順序。
- **正確示範**：「提升高價值用戶的留存率」 這樣的 OKR 與業務目標緊密關聯，更容易獲得高層關注。

✓ OKR 要定期檢視，而不是年終才回顧

☞ 讓 OKR 成為「動態調整」的一部分，而不是寫好就放著不管。

- 設定季度回顧機制，每 2-4 週檢討進展，看看哪些需要調整。
- 每個月確保 OKR 在會議上被提到，而不是等到季度末才檢討。

✓ 從高層到團隊，OKR 需要雙向對齊

☞ 不是高層單方面訂 OKR，而是讓團隊有參與感。

- **錯誤示範**：主管開完會，丟一份 OKR 給團隊，要求大家「自己想辦法達成」。
- **正確示範**：先有公司的大方向，接著讓各部門參與 OKR 設定，確保與日常工作有連結。

✓ 讓 OKR 與日常任務整合，而不是變成額外的工作

☞ 把 OKR 當作「方向指引」，確保日常工作的優先順序與之對齊。

- 每週計劃時，問自己：「這週的工作，是否真的幫助我們達成 OKR？」
- 避免「OKR 跟手上的工作完全無關」，否則團隊只會覺得 OKR 是負擔。

常見問題：
- 設定完之後就不再檢視，變成形式上的文件
- 目標缺乏挑戰性，變成另一種 KPI

解決方案：
1. 確保 OKR 由團隊共創，而不是主管單向制定
2. 建立「雙向對齊」機制，確保上層 OKR 能落實到執行
3. 定期檢討進展（例如雙週或月度 Review）
4. 讓團隊了解 OKR 的價值，而不只是「另一個績效指標」

如何確保 OKR 不會流於形式，而能真正推動組織成長？

OKR 在許多企業失敗的關鍵，往往不是方法錯誤，而是執行不到位。以下幾個做法可以提升 OKR 的有效性：

1. 設定「有挑戰性但可行」的目標
    - 目標太低→變成 KPI，失去激勵作用
    - 目標太高→團隊覺得不可能達成，失去動力
2. 讓 OKR 具備清晰的衡量方式
    - 「提升用戶體驗」→ 不明確
    - 「提升註冊轉換率 20%」→ 可衡量
3. 讓 OKR 變成日常討論的一部分
    - 不是「設定完就丟著不管」，而是定期檢討進展
    - 在週會或 Sprint Review 中，確保大家知道目標進度
4. 領導者要以身作則
    - 如果高層不關心 OKR，團隊也不會重視
    - OKR 需要從上到下建立共識，而不是一個「額外的文件」

OKR 應該跟績效考核（Performance Review）綁在一起嗎？

這個問題沒有標準答案，但有一些「可行 vs. 不可行」的方向：

✗ 完全用 OKR 來評估個人績效，可能會帶來問題：

1. OKR 本質是鼓勵挑戰
   - OKR 的核心概念之一是「設定具有挑戰性的目標」，但如果把 OKR 跟績效獎金直接掛鉤，員工可能會故意設定「保守目標」，以確保自己達成 KPI，而這會讓 OKR 失去意義。
2. 有些 OKR 受到外部因素影響，無法 100% 由個人掌控
   - 例如，如果團隊的 OKR 是「提升營收 20%」，但這受到市場波動或產業淡旺季影響，不能完全由產品或行銷決定，直接拿來當績效標準可能不公平。

✓ 比較好的做法：OKR 可作為績效考核的參考，但不應該唯一指標

- OKR 影響**團隊績效**，但個人績效應該綜合考量影響力、執行能力、協作等維度。
- 一些公司會將 OKR 達成率納入績效考量的 **40-70%**，但不會完全以此評估員工。
- 主管應該更關心「這個人是否有推動組織前進」，而不只是看 OKR 是否達成。

你該怎麼做？

如果你的公司想要將 OKR 與績效考核連結，建議這樣做：

❶ 確保 OKR 的設計是合理的，而不是為了考核而設計
❷ 不只考核「結果」，也考核「過程與影響力」（例如：這個人是否有積極推動 OKR 進展？）
❸ OKR 達成率 ≠ 績效評分，但可以作為評估標準的一部分

總結：OKR 有效運作的關鍵

✓ 確保 OKR 與公司戰略對齊，不然就算定了也沒人在乎
✓ 定期檢視，而不是年底才回顧
✓ 讓 OKR 與日常工作結合，而不是額外負擔
✓ OKR 可以影響績效考核，但不應該是唯一標準

如果你的團隊 OKR 只是「寫好後就沒人管」，那可能只是流於形式，這時應該重新檢視：「**我們的 OKR 是否真的能幫助團隊變得更好？**」💡

只有一季的 OKR 是否太短視？如何與長期目標策略對齊？

OKR 不該是獨立的，而應該與公司的長期戰略目標一致，並且層層對應到部門與團隊目標。以確保組織長中短期目標的對齊。

✓ 建立「長→短期目標層級」對齊機制，確保願景不會變成口號
✓ 確保上層 OKR 能夠轉化為具體的行動計畫
✓ 公司層級 OKR → 產品 OKR → 部門 / 團隊 OKR
✓ 定期 OKR 檢討與雙向對齊，讓高層 & 團隊保持同步
✓ 確保與市場與內部變化保持節奏，而非脫鉤
✓ 策略資訊有清楚紀錄，減少「資訊孤島」，提升執行效率

當組織開始成長，領導者應該確保這些工具不是彼此割裂的，而是能夠互相補充，讓短中長期的策略能夠真正落地。

關鍵問題反思：

- 你們的長中短期目標，有明確對齊機制嗎？
- 你的團隊知道「我們為什麼做這些事情嗎？」
- 你的 OKR 只是 KPI，還是真正驅動組織成長的工具？

讓領導者不只是「**制定目標**」，而是能夠「**讓團隊真正對齊，並高效執行**」

- 用「北極星指標」（North Star Metric），讓團隊知道努力的方向。例如，對於一個社交媒體產品，北極星指標可能是「每月活躍用戶數」，而每個任務都要能夠拉近這個目標。
- 用 OKR（目標與關鍵成果）框架，幫助團隊拆解目標。例如：
  - 目標：提升用戶黏著度
  - 關鍵成果：每日活躍用戶數增加 20%，使用時長增加 15%

長期策略需要有明確的對齊機制，並透過合適的工具與文件紀錄來確保組織上下能夠理解、執行並追蹤進度。以下是幾種常見的方法與對應的工具：

長中短期目標對齊方式

時間範圍	策略層級	對齊機制
3-5 年	長期願景、公司戰略	年度北極星指標、願景宣導、文化手冊
1-2 年	公司 / 部門 / 產品目標	策略目標對齊會議、策略共識會
季度	部門 / 產品 OKR 產品 Roadmap	每季檢討進展與調整、跨部門對齊
月 / 週	Sprint Doc	Sprint Planning、Sprint Goal Review

領導者如何有效運用這些機制？

高效的領導者不只是「制定目標」，更要確保團隊理解並持續對齊，以下是幾個核心做法：

❶ 建立清晰的「目標層級」，避免資訊斷層

- 公司層級→部門層級→團隊層級→個人層級
- 領導者應確保每個層級的目標能夠相互關聯，而不是各做各的

例子：目標層級對應

公司願景	年度戰略	產品 OKR	團隊任務
提升全球用戶數	2025 年達到 1,000 萬活躍用戶	Q3 提升 App 註冊轉換率 20%	產品團隊優化 onboarding 體驗

💡 避免問題：

❌ 願景與執行脫節：「公司要國際化發展」，但團隊每天只在修 bug

✅ 確保對齊：「我們國際化策略的第一步，是提升英語市場的轉換率」

❷ 定期「雙向對齊」，確保上下溝通順暢

✅ 從上到下（**Top-down**）→高層定戰略方向，確保部門與團隊對焦

✅ 從下到上（**Bottom-up**）→團隊回報數據，提供策略優化依據

有效的 OKR 溝通節奏：

- 年度：公司的 OKR / 戰略目標→由高層定位方向
- 季度：部門 & 產品 OKR 訂定→由中階主管與團隊共創
- 雙週 / 月度：Sprint 衝刺計劃制定、進度回顧，根據數據調整策略
- 日會 / Daily Standup：任務對齊，確保短期執行

💡 避免問題：

❌ 只講願景，缺乏行動指引：「我們要成為全球領先的平台！」→但大家不知道該怎麼做

✅ 轉化成具體行動：「我們 Q3 要進軍亞洲市場，團隊目標是優化本地支付流程」

❸ 確保關鍵策略資訊有清晰的文件紀錄

領導者應該確保「**每個層級的目標 & 關鍵決策**」有固定的紀錄方式，並且方便查找，避免資訊散亂。

❌ 資訊四散，團隊不知道去哪查→ OKR 寫在 Excel、策略寫在簡報、進度更新用 Slack

✅ 建立統一的策略文件管理方式→「所有 OKR 更新在 Google Sheet，每月回顧」

> **第三節**
>
> # 不只是「推動進度」,而是「建立運作更順暢的機制」

- 高效團隊的 3 個關鍵:清晰的角色分工、決策機制、回饋循環
- 打造「自驅型團隊」,減少對 PM 或主管的依賴。
- 案例分析:在沒有績效考核支撐的情況下,如何帶動團隊?

許多 PM 在日常工作中,常常覺得自己像是「推進專案的催化劑」,每天都在處理各種進度問題、對齊需求、解決突發狀況。然而,真正高效的 PM,並不是專注於「盯進度」,而是**設計一套能讓團隊自動高效運作的機制**。

如果你的團隊需要你每天推動才會前進,這可能不是團隊的問題,而是流程或者制度需要調整。但有時候,在公司的文化與制度還沒有那麼快展現支撐力的情況下,不妨先試著從自己可控的管理模式的調整開始。

一、為什麼 PM 不能只是「進度管理員」?

當 PM 的工作重心放在推進進度,而不是**建立長效的運作機制**時,通常會出現以下問題:

- **團隊依賴 PM 或主管,無法自主推動**——只要 PM 不在,團隊的效率就下降,甚至不知道該做什麼。
- **PM 被大量會議與對齊需求綁住**——一天工作下來,都是在處理雜務,沒有時間真正思考產品策略。

- 短期內看起來有產出，但長期來看效率低下——因為沒有機制支撐，團隊的成長依賴特定個人或角色一個人的努力，而非系統性的推動或改善。

這樣的狀況，會讓 PM 陷入「救火模式」，永遠在處理當下的問題，卻無法真正提升團隊的工作方式。甚至未來可能會更容易被 AI 取代，因為如果只是催進度，未來可以透過各種自動化或者 AI Agent 提醒與輔助，但實際上 PM 的價值絕對遠大於此。

高效的 **PM**，應該讓自己逐漸從執行細節中抽離，把更多精力放在建立能夠自我運行的團隊機制，確保即使沒有 PM 在場，團隊依然能夠穩定且高效地運作。

二、高效團隊的三大關鍵要素

前面我們有提到，讓團隊從「被動執行」轉變為「自主驅動」，關鍵在於打造**清晰的運作機制**。以下是三個最重要的要素：

1. **清晰的角色分工**
   - 每個人都應該清楚知道自己的責任範圍，以及如何影響團隊的成功。
   - 讓團隊明確了解，哪些事是自己負責，哪些事需要合作，避免「這到底該誰做？」的模糊狀態。
   - 初期以透過清晰的**職責分工定位（R&R）或 RACI（責任矩陣）**來建立清晰的分工架構。但說真的，依個人經驗，RACI 解決不了核心的 R&R 與流程問題，在單一專案或許有效，但在跨專案的狀態中，就容易失敗，這就是另外一個故事了。

2. **透明的決策機制**
   - 團隊知道決策標準與流程，而不是依賴主管或 PM 來做所有決定。
   - 讓決策有邏輯、有數據支撐，減少「拍腦袋決定」或「變來變去」的狀況。

- 設立**決策權限範圍**，讓不同層級的團隊成員知道哪些決定可以自己做，哪些需要更高層級參與。

3. 健全的回饋循環
   - 不是只把事情「做完」，而是要持續優化運作方式。
   - 建立固定的**檢討機制**（如 Sprint Retrospective、團隊回顧會議），確保團隊能夠定期反思並改善合作方式。
   - 讓團隊習慣數據導向的回饋，例如透過使用者行為數據，了解自己的決策與執行是否有效。

三、案例分析：從「PM 盯進度」到「團隊自主運作」

許多 PM 在轉型過程中，都會經歷一個關鍵的改變：**從個人驅動團隊運作，轉變為設計一個讓團隊自動高效運作**的機制。

在開始之前，先分享一個對我來說很重要的理論思考。

對齊與自主性模型這個由 H. Kniberg 提出的模型展示了「對齊（Alignment）」與「自主性（Autonomy）」如何影響團隊行為。

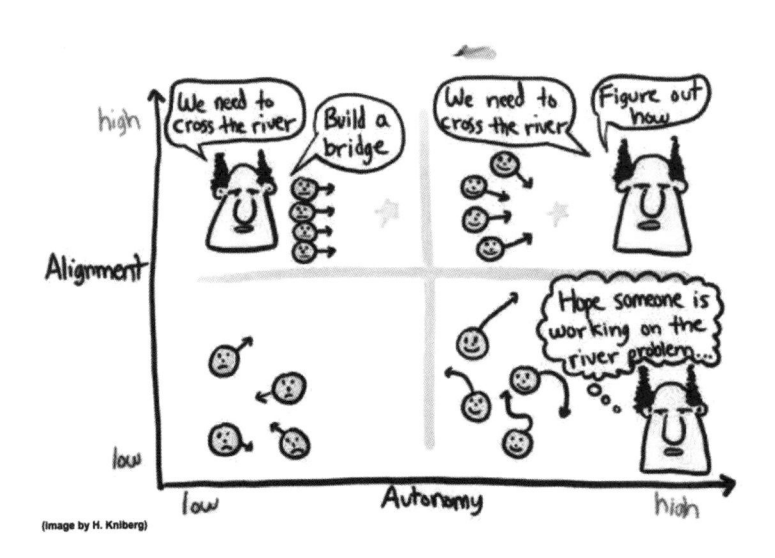

(image by H. Kniberg)

- 高對齊，低自主性（左上）
  團隊有統一目標，但缺乏自主性，進展緩慢
- 高對齊，高自主性（右上）
  團隊在明確目標下自主行動，有效率達成成果
- 低對齊，低自主性（左下）
  缺乏方向和動力，難以取得有意義成果
- 低對齊，高自主性（右下）
  團隊有行動力但方向不一致，努力分散

理想狀態是右上象限（高對齊、高自主性），團隊既清楚目標，又能自主找到解決方案，並一致行動以高效達成目標。

會看到這張圖，是研究 Spotify 工程文化時看到的，也是我在思考及定位團隊改造目標的基礎。同時，91APP 產品長 Happy 所撰寫的「91APP 軟體開發之道——從 20 人到 200 人的軟體發展旅程」，也對我有非常大的影響。從一開始的蒙懂，到後面可以馬上點出是的我們就是在這裡、接下來想去哪裡，隨著組織發展，這篇文章我看了至少 10 次以上，每次看都有不同的學習與體悟。

以下是一個實際案例，說明如何透過機制設計，讓團隊從依賴 PM 變成自主驅動。

背景

專案制團隊，專案開始就相聚、專案結束就散會、下個專案換另一批人。

當前痛點

- 團隊合作沒有默契（工作卡卡或不開心）
- 缺 Domain Know How（溝通成本高）
- 缺乏當責，只是沒有感情的殺票手（不顧全局）
- 團隊對目標不清楚，方向感不明確（即便有說過）

轉變過程

1. 設立明確的分工與工作協議
   - 在團隊內建立 **Working Agreement**，讓每個人清楚自己的角色與職責。
   - 讓團隊自己訂定合作規範，而不是由 PM 強加規則，確保大家有認同感。

2. 引入透明的決策機制
   - 建立固定的 **Sprint Planning**、**Demo**、**Retro**，讓團隊有系統地檢討與調整運作方式。
   - 透過**決策權限範圍設定**，讓工程、設計、業務能夠自己做決策或更自主參與，而不必每件事都等候指令。

3. 強化回饋循環
   - 讓團隊成員看到自己工作的**數據成果**，不只是「做完」，而是能理解自己的努力如何影響產品成長。
   - 設立**小型激勵機制**，如達成一定數量的 Sprint 目標時，給予團隊成員額外獎勵，提升內部驅動力。

成果

- 原本：團隊成員等待 PM 分派工作，無法主動思考問題，缺乏決策能力。
- 轉變後：團隊能夠自主發現問題、提出解決方案，PM 只需在關鍵決策點提供支援與指導。

四、如何開始？PM 可以採取的行動

如果你的團隊目前仍然**依賴 PM 來推動所有事情**，你可以從以下幾點開始調整自己的角色，讓團隊更有自主性：

1. **減少對「推進進度」的依賴，轉向「設計機制」**
   與其每天催促進度，不如設計一個讓團隊自己推動的流程，例如固定的回顧會議、標準化的需求文件等。

2. **確保團隊有清晰的決策機制**
   讓團隊了解決策標準，減少「等主管拍板」的狀況，提升決策效率。

3. **讓團隊參與優先級決策**
   當團隊對「為什麼要做這件事」有足夠理解時，他們就會更主動推進，而不只是執行。

4. **建立可視化的回饋機制**
   使用數據與使用者回饋，讓團隊看到自己的成果，增強內在動機。

敏捷導入案例：可視化看板

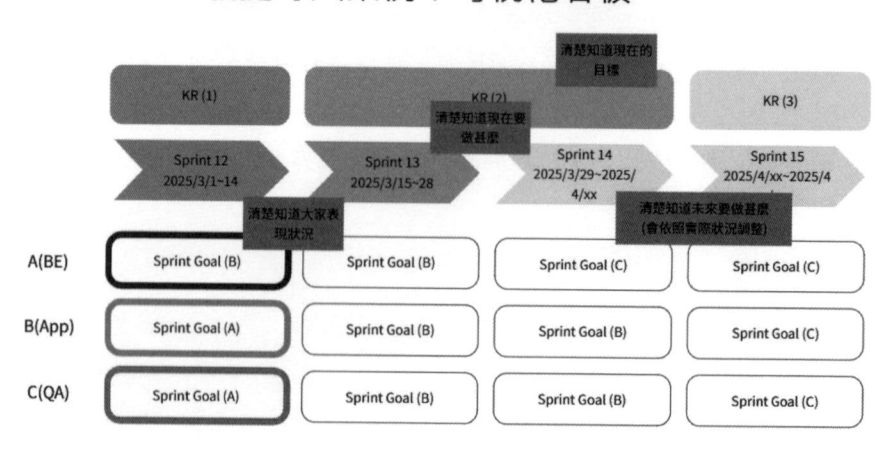

	Sprint 12 2025/3/1~14	Sprint 13 2025/3/15~28	Sprint 14 2025/3/29~2025/4/xx	Sprint 15 2025/4/xx~2025/4
	KR (1)	KR (2) 清楚知道現在要做甚麼	清楚知道現在的目標	KR (3) 清楚知道未來要做甚麼（會依照實際狀況調整）
A(BE)	Sprint Goal (B) 清楚知道大家表現狀況	Sprint Goal (B)	Sprint Goal (C)	Sprint Goal (C)
B(App)	Sprint Goal (A)	Sprint Goal (B)	Sprint Goal (B)	Sprint Goal (C)
C(QA)	Sprint Goal (A)	Sprint Goal (B)	Sprint Goal (B)	Sprint Goal (C)

這是我在一個專案中,跟設計師學習的。我曾經很訝異於明明專案管理工具也能看這些,但工程師與跨部門都反應沒有那麼好讀,我就分別整理了適合他們看得版本。這版是給工程師看的,當我知道這對團隊有用,我就做,因為我知道我要的是更後面的成果。

接下來這是每天都會有的跑法：

週一	週二	週三	週四	週五
1. Sprint Planning • 討論上一個 Sprint 自評結果 • 確認 Sprint Goal 有共識 • 討論本次新任務	1. Daily	1. Daily	1. Daily	1. Daily 2. 進度預警 　○ 初期：PO 週間進度分析，肯定優點，提醒落後同學加把勁（表示 PO 重視） 　○ 後期：成員自己看，PO 只看結果。
1. Daily	1. Daily	1. Daily	1. Daily 2. 本次 Demo/Retro 3. PO 為下次 Sprint 準備並同步新 Sprint Goal 給開發 (Refinement)	1. Daily 2. 結束 　○ 開發收尾 　○ 填寫自評 　○ 提前了解下期 Sprint Goal 有沒有問題

很感謝最終有好的結果，我們先從一個種子團隊開始創造一個典範案例，激起適當的競爭意識，再擴散到其他團隊。有些改善或者好處，團隊當下不一定有感覺，或者看得到，所以需要有領導者先看到、先實現一個 Small Win，後面才能讓更多人願意加入。

另外也參考，其他矽谷的高效團隊運作方式，我任何核心概念都與「**去中心化決策、數據驅動、極簡流程、自組織文化**」有關，以下是一些值得補充的管理方式，可以強化我們在「PM 不只是推進進度，而是設計機制」的概念：

1. 亞馬遜的「單線團隊」（Two-Pizza Team）

核心概念：團隊的大小應該足夠小，以至於可以靠「兩個披薩」餵飽。這意味著團隊要有高度自主性，避免大型組織中的層層溝通障礙。

◆ 適用場景：

- 若團隊內部的溝通成本過高、決策效率低下，可以考慮將大團隊拆分成**責任明確的小團隊**，讓團隊能夠獨立運行。
- PM 應確保每個小團隊都有明確的目標與 KPI，並有足夠的決策權，減少跨部門對齊的時間成本。

- 實踐方式:
  - ✓ 在業務分組時,確保**團隊成員不超過 8-10 人**,讓決策過程更敏捷。
  - ✓ 每個小團隊應該負責**端到端的產品價值**,不只是寫 Code,而是理解市場、業務、技術的整體關聯。
  - ✓ 讓小團隊內的 PM、設計、工程師負責產品成果,而非等主管拍板。

2. Netflix 的「高自由度、高責任制」文化

核心概念:Netflix 強調 **「Highly Aligned, Loosely Coupled」**,即確保公司戰略方向明確,但允許團隊在執行時有極大自由度。

- 適用場景:
  - 如果你發現團隊**一直等指令,沒有主動思考**,這可能代表團隊不習慣擁有決策權。
  - 如果你發現 PM 需要頻繁「micro-manage」,說明團隊的自主驅動機制還不夠健全。

- 實踐方式:
  - ✓ **PM 應確保公司戰略(方向)與團隊策略(目標)對齊**,但不干涉執行細節。
  - ✓ 讓團隊自己訂定「成功標準」,不只是被動完成 PM 安排的工作。
  - ✓ 在團隊內建立「決策指南」,讓成員知道什麼時候可以自己決定,什麼時候需要更高層的決策參與。

Netflix 著名的一句話:「Don't seek to please your boss. Seek what's best for the company.」這種**高自由但高責任的文化**,能讓團隊真正形成自驅動模式,而不是靠 PM 去盯每個細節。

3. Google 的「心理安全感」(Psychological Safety) 與 20% Time

核心概念：Google 研究發現，最具創新能力的團隊，並不是最聰明的團隊，而是心理安全感最高的團隊。團隊成員若能夠放心發表意見，願意提出新的嘗試，創造力與生產力才會提升。

◆ 適用場景：
- 如果你的團隊成員**不敢提出不同意見**，或是**覺得自己無法影響決策**，那麼可能需要提升團隊的心理安全感。
- 如果團隊經常「只是執行，不思考」，可能是因為他們不覺得自己有空間去創新。

◆ 實踐方式：
- ✓ 在會議或 Retro（回顧會）時，PM 應該鼓勵 **「大家對決策是否有不同意見？」**，讓團隊習慣發表觀點。
- ✓ 使用「無懲罰的回饋文化」，確保成員不會因為失敗而受到懲罰，而是從錯誤中學習。
- ✓ 可以嘗試導入 **Google 的 20%Time**（員工可將 20% 時間投入自己想開發的專案）**，鼓勵團隊提出新的創新方案。

補充案例：Google 的 Gmail、Google News 都是來自「20% 時間」的專案，這種自由度讓團隊成員有更強的主人翁意識。

4. Facebook / Meta 的「Move Fast and Break Things」

核心概念：初期 Facebook 強調「**快速行動，允許犯錯**」，讓團隊可以更靈活地測試新想法，避免過度規劃導致行動遲緩。

◆ 適用場景：
- 當你的團隊過度害怕失敗，導致創新速度慢，或者花過多時間在完美規劃，而沒有真正執行。

- 實踐方式：
  - ✓ 建立「MVP（Minimum Viable Product）」文化，讓團隊習慣快速測試、快速學習。
  - ✓ 允許在短時間內試驗不同解法，**快速驗證假設**，而不是等到一切完美才執行。
  - ✓ 在團隊內建立「快速決策」的框架，例如設計「**5 天內 MVP 測試流程**」，確保不讓決策過程變得僵化。

Facebook 這種模式適合在**創新快、變化大的環境**，例如 AI、區塊鏈、Fintech 等產業，PM 可以鼓勵團隊快速試錯，找出最有效的方法。

5. Spotify 的「Squads&Tribes」團隊模式

核心概念：Spotify 採用「Squad&Tribe」架構，讓不同的小團隊（Squad）可以**高度獨立運作**，但仍然與其他團隊保持聯繫（Tribe）。這種模式讓公司能夠大規模擴張，卻不會因為團隊太大而導致運作失效。

- 適用場景：
  - 當你的公司**規模開始變大，發現跨團隊協作變得困難**時，可以參考這種模式來降低內部摩擦。
  - 當你的團隊內部**既需要獨立決策，又需要與其他團隊保持同步**，這種模式可以確保靈活性。

- 實踐方式：
  - ✓ 每個 Squad（小團隊）擁有自己的產品目標，並能獨立運作，不依賴 PM 或高層來下指令。
  - ✓ 各個 Squad 之間，透過 Tribe（部落）保持聯繫，確保不同團隊之間的知識共享與協作。
  - ✓ 這種模式可以避免「單一 PM/ 單一主管」成為瓶頸，讓團隊更具自主性與靈活度。

總結：如何將這些方法落地？

如果你想讓團隊從「PM 盯進度」變成「自主驅動」，可以考慮以下步驟：

- ✓ 建立團隊有獨立也能共同決策的環境（參考 Amazon Two-Pizza Team）
- ✓ 建立透明的決策機制（參考 Netflix 高自由度、高責任文化）
- ✓ 提升心理安全感，鼓勵創新與發表意見（參考 Google 的心理安全）
- ✓ 減少過度規劃，讓團隊更快試錯（參考 Facebook 快速行動文化）
- ✓ 在組織擴張時，確保團隊仍有靈活度（參考 Spotify Squads&Tribes）

這些矽谷的管理方式，都是經過大量實證的「高效團隊運作模式」，PM 可以根據自己的組織需求，選擇最適合的方法導入，幫助團隊不只是執行，更能成為真正的產品推動者與創新者。

但我得說，這些都是來自網路上的資料，單純聽到這些就全信或照單全收，可能會過於去脈絡化，有很多我們所不知道的關鍵小細節，因此最好是往外多方蒐集資料、直接去閱讀或是跟實際在該環境溝通的人聊聊。

但若能深入思考他們為什麼要這樣設計、什麼情境適合，能持續讓自己的視野與認知能擴充更多可能性，絕對是能好的方向！

五、總結

PM 的價值，不在於「推進進度」，而在於**打造一個能夠自我驅動的團隊**。我們當然可以選擇去抱怨公司、抱怨環境、抱怨團隊，但我們也可以選擇，做點事，讓結果有所不同。包括：

- **清晰的角色分工** 讓每個人都知道自己的影響力與責任。
- **透明的決策機制** 讓團隊知道該如何做決策，減少混亂與延誤。
- **健全的回饋循環** 確保團隊不只是完成工作，而是持續學習與成長。

再次聲明，如果你的團隊目前仍然高度依賴 PM，這可能是一個訊號：你的管理模式需要調整。透過**機制設計**，你可以讓團隊從「等待指示」轉變為「自主驅動」，真正發揮高效團隊的價值。

第四節 讓團隊不只是執行,而是共同承擔結果,並有效管理衝突

- 如何讓團隊有「主人翁意識」,提升責任感?
- 如何健康地處理衝突,讓討論產生價值?
- 行動指南:如何建立「成果導向」的文化,而不只是「完成工作」?

在前面的章節中,我們談到了**如何建立高效的目標導向團隊**,但僅僅設定目標還不夠,真正能讓團隊持續進步的關鍵,在於**責任承擔(Ownership)與有效的衝突管理**。

在許多組織中,PM 經常面臨以下困境:

- 目標訂好了,但沒有人真正「擁有」結果(對結果負責)。
- 當問題發生時,團隊傾向被動處理,而不是主動尋找解決方案。
- 意見不同時,容易演變成無效爭論,甚至變成人際衝突,而非聚焦在問題解決上。

這些問題會讓團隊變成「**只是執行任務,而不是一起承擔結果**」,進而影響專案進度、產品質量,以及整體團隊的合作氛圍。

如何讓團隊擁有主人翁意識,對結果負責?

- **設計獎勵機制**,如團隊達標小獎勵,讓大家覺得自己對結果有掌控。
- **創造「成就感」的機會**,先讓個人成功,再到團隊成功,逐步累積信心。如何健康地處理衝突,讓討論產生價值?

- 建立討論規則，讓每個人都能自在表達不同意見，而不擔心被攻擊。
- 鼓勵建設性衝突，讓衝突變成找出問題真相的契機，而不是互相指責。

行動指南

- 建立「成果導向」的文化，讓團隊關注「做對的事」，而不只是「把事做完」。
- 設計團隊衝突處理流程，讓衝突成為成長的機會，而不是壓力。

這一節，我們將探討以下核心問題：

❶ 如何讓團隊建立真正的 Ownership？
❷ 如何有效處理衝突，讓討論變得更有建設性？
❸ PM 應該如何介入，讓團隊能夠自主解決問題，而非只能仰賴 PM 仲裁？

一、建立 Ownership：讓團隊對結果負責，而不只是完成任務

在高效團隊中，成員不只是「做好自己的事」，而是會主動思考：「這件事情的成功標準是什麼？如果出了問題，我該如何解決？」

這種責任感，來自於**心理上的「擁有權」**，而不是單純的職責分工。

◆ **低效團隊的特徵：**
✓ 「這不是我的問題，應該是 XX 負責的。」
✓ 「PM 叫我做什麼我就做什麼，不需要管後續影響。」
✓ 「我們交付了，但用戶不滿意，那是業務團隊的問題。」

◆ **高效團隊的特徵：**
✓ 「這件事我們負責，我們確保結果達標。」

- ✓「不只是完成任務,而是確保它對業務真正有價值。」
- ✓「遇到問題時,我們主動找出問題點,並給出解決方案。」

如何建立 Ownership?

❶ **讓團隊參與目標設定,而不只是接受指令**
- 若團隊成員只是被動執行,容易產生「這是 PM 或老闆的決定,和我無關」的心態。
- PM 應該在一開始設定 OKR 或 Sprint 目標時,邀請團隊共同參與,讓他們有發言權,而不是直接下達指令。
- 例如:開發團隊可以參與**決定技術優先順序**,設計團隊可以協助定**位成功標準**,讓團隊有更強的主人翁意識。

❷ **改變問題討論方式:從「這是誰的錯?」變成「我們怎麼解決?」**
- 如果團隊習慣於「找出責任人」而不是「找出解決方案」,那麼遇到問題時,只會推來推去。
- PM 在討論問題時,可以改變話術,例如:

  ✗「這次的問題是誰造成的?」

  ✓「這次的問題出現在哪個環節?我們下次如何改善?」
- 這樣可以避免責任推卸,而是讓大家專注於提升流程。

❸ **讓團隊「看見自己的影響力」,建立成就感**
- 當團隊意識到自己做的事情對業務有實際影響,會更有動力去承擔責任。
- PM 應該主動分享數據與用戶回饋,例如:
  - 「我們這次的改版讓轉換率提升了 15%,這是你們努力的成果!」
  - 「這個功能的使用率超過 80%,用戶回饋很正面!」
- 讓團隊知道,他們的工作不只是交付任務,而是能真正改變產品與市場。

❹ 建立心理安全感：絕對不去懲罰當責的，勇於表達意見的那個人為什麼這麼關鍵？

在許多團隊中，那些勇於指出問題、挑戰現狀或在會議中坦率發言的人，往往會因為「看起來不合群」或「破壞和諧」而被打壓或忽視。久而久之，團隊就會陷入表面和諧、實際沉默的狀態，失去創造力與解決問題的動能。

真正的 Ownership，是團隊成員敢於在還沒出錯時，就站出來提醒；敢於針對流程、策略、設計發聲。

PM 或領導者可以怎麼做？以下是幾個實務建議：

1. 肯定「講真話」的價值，並給予回饋

- 不論提出的是建設性批評或風險預警，都應該先表示感謝，而不是第一時間進入辯解或防禦模式。

範例回應話術

事前

1.「謝謝你提出這個風險點，我們再來一起評估怎麼因應。」
2.「你這樣直接講出來很不容易，很感謝你信任我們。」

事後

1.「你上次提到的 xx，我們也認同很重要，因此預計如何處理，可以看看有沒有不同回饋。」
2.「你上次提到的 xx，我們評估因為還有更重要的 ooo 需要先推動，暫時可能還沒有那麼多資源推動，但我仍然很重視你的想法，這些都有記錄下來。如果在 ooo 上你有不同建議，也歡迎告訴我們。」

2. **當錯誤發生時，保護第一個願意承認的人**
   - 如果有人站出來承擔錯誤，請記得：這不是犯錯的問題，而是「團隊文化有救」的信號。
   - 千萬別讓誠實的人成為代罪羔羊。應該將注意力拉回到「為什麼這個錯誤會發生？我們的流程或設計能如何改善？」

3. **公開鼓勵正向發言行為**
   - 在團隊會議、回顧（Retrospective）或 Slack 群組中，主動 highlight 有洞察的建議或誠實的回饋，讓其他人看到這是被鼓勵的行為。
   - 建立如「Courage Callout」或「Bravo Channel」等機制，鼓勵大家肯定彼此的勇氣與當責行為。

4. **領導者以身作則，示範承擔與透明**
   - PM 或領導人若能主動承認自己某些錯估或決策偏誤，會讓團隊理解：承認錯誤不是丟臉，而是一種成長。

❺ **若當責的人真的做錯了，也要明確提出，給予有建設性回饋**

心理安全感不是無限包容錯誤，而是面對錯誤時的建設性回應。當某個願意承擔的人真的在過程中出現疏忽或失誤，PM 及領導者應該採取的是：

1. **清楚說明**：發生了什麼問題、造成什麼影響。
2. **具體討論**：哪裡可以做得更好？未來要如何調整流程或判斷？
3. **提供支援**：是否需要更多資源？是否缺乏某些資訊或技能？

千萬不要以冷處理、逃避對話或私下抱怨的方式處理，這樣會讓「願意站出來的人」從此不再主動發聲。或耽誤對方的成長。

延伸提醒：

> 當責文化的本質不是獨自扛責，而是一起解決問題。

當團隊知道就算犯錯也不會被孤立，反而能得到幫助與成長，他們會更勇敢、更有動力去承擔。

二，如何有效處理團隊衝突？

當 Ownership 提升後，團隊可能會開始有更多討論與辯論，這是一件好事！但如果討論沒有適當引導，可能會變成低效的爭吵，甚至影響團隊合作氛圍。

☐ **無效衝突的特徵：**
- ✓ 變成人身攻擊：「你每次都這樣，根本不負責任！」
- ✓ 目標變成「贏得爭論」，而不是「找出最佳方案」
- ✓ 主管或 PM 需要介入裁決，否則團隊無法推進

☐ **有效衝突的特徵：**
- ✓ 討論聚焦在「如何讓事情變得更好」，而不是「誰對誰錯」
- ✓ 有不同意見時，團隊可以冷靜討論，而不會演變成人身攻擊
- ✓ 能接受不同觀點，並找到最合適的解決方案

如何讓團隊建立「建設性的衝突」文化？

❶ 建立清楚的討論規則（Working Agreement）
- 設定明確的討論原則，例如：
  - ✓ 專注於問題，而非個人（避免人身攻擊）
  - ✓ 所有意見都值得被聆聽（即使是新人成員也有發言權）
  - ✓ 反對時，必須提供可行的替代方案（避免單純否定）

❷ 使用「非人格化」的語言來表達反對意見
- ✗「你這樣做根本不行，太沒效率了！」
- ✓「我們可以試試這個方法，可能會更有效？」
- 當團隊習慣用「建設性語言」來討論問題時，衝突會變得更有意義。

❸ 確保每個人都有發言機會，避免「沉默的螺旋」
- 會議中容易出現「發言權不均」的狀況，PM 可以透過 Round Table 方式，確保每個人都有機會表達意見。
- 若發現某些人總是保持沉默，PM 可以主動點名：「XX，你怎麼看這個方案？」

三，如何幫助團隊自主解決問題，而不是成為仲裁者？

PM 不是法官，PM 應該是**幫助團隊找到解決方案的人**。

❏ 錯誤的 PM 角色：
- ✓「這件事你們不要吵了，我來決定。」
- ✓「所有問題都要經過 PM 仲裁，沒有人可以自行決策。」

❏ 正確的 PM 角色：
- ✓「這件事你們覺得怎麼解決最合理？我們來討論可行方案。」
- ✓「我先不直接給唯一解，而是幫助你們找到合適的方法。」

當 PM 從「決策者」變成「促進者」，團隊會更快地培養自主解決問題的能力，而不是每件事都要仰賴 PM 來做決定。

總結：

- **Ownership** 來自於參與感與影響力，不是單純的職責分工。
- 衝突是必要的，但應該是上升到對事情或達標有建設性的，而非下降為一般人際衝突。
- **PM** 與主管主要角色不是裁決，而是設計一個能幫助對話、讓團隊自己找到最好的解決方案的環境。

透過這些方法，團隊將不再只是被動執行，而是真正共同承擔結果，打造更有影響力的高效運作模式。

切記，此時要有一致的標準，不能不公正、或者因人有不同標準，如立場過於模糊、需要 member 去揣摩上意，對團隊是比較大的內耗與傷害。

第五節 如何讓主管看到你的升級潛力？

很多 PM 做了好幾年，仍然不被主管認為有「晉升潛力」，並不是因為工作不夠努力，而是**思維層級沒有晉升**。這裡的晉升不是只有升遷當主管，包含廣義得職等升級、薪資提升等。

公司需要的，不僅是能解決問題的人，更是能提前讀懂他們在乎的關鍵問題，並且有落地能力的人才。

核心三觀：

思維層級	一般 PM	高潛力晉升 PM
定義問題	等需求丟下來	主動分析，界定關鍵問題
回報方式	回報「做了什麼」	回報「解決了什麼，為何這樣選擇」，效益為何
決策行為	完成指派任務	提前預測風險，提出選項與建議

行動練習

回顧過去 3 個專案：
- 你是回報「我做了什麼」，還是「我解決了什麼」？
- 有沒有提前替主管考慮過替代方案與影響？

Step1｜每次回報，主動提「選項＋權衡」

別只是說：

- 「這個需求可以做」

要說：

- 「這個需求有三個解法，我選擇 A，因為…」
- 「如果 B，更快，但會犧牲品質。」

主管最怕的：「我來決策」。

主管最喜歡的：「你決策，我確認」。

✓ 影響力，從思維開始，而不是做了多少事。

Step2｜預測下一步，而不只處理當前

很多 PM 一直在滅火，主管永遠看不到你的「前瞻力」。下次會議，試著多問自己：

- 這個問題背後的結構性風險是什麼？
- 團隊 3 個月後可能遇到的瓶頸是什麼？
- 如果我們不處理，未來會付出什麼代價？

✓ 能預測未來，才是決策層思維。

Step3｜成果對齊「組織目標」

PM 成就感的來源，往往是解決用戶問題。但主管看的是：「你的成果，幫助組織什麼？」

舉例：

- 「本次優化，提升 5%，符合公司今年專注的效率提升方向。」
- 「這次減少了客服負擔，符合 Q3 的成本控制 KPI。」

✓ 把你的行動，對齊到組織層級的語言，影響力會倍增。

🛠 行動指南表格：打造決策層認可的 PM 影響力

問題	自我評估（是 / 否）	改進行動
我回報主管時，是否總是提出選項與風險評估？		下次回報前，先寫出至少兩種方案與利弊
我的回報內容是否對齊公司的當期目標或 KPI？		確認組織年度 / 季度目標，把你的專案影響對齊
我是否能預測 3 個月後可能出現的風險或瓶頸？		每月做一次「專案風險預測」筆記
在跨部門提案時，是否先思考對方的好處？		提案前列出「對方部門的三個潛在好處」
我是否有在最近 6 個月內完成小勝利專案，建立信任？		計劃一個低風險、跨部門的小改善專案

PM 影響力晉升路徑圖

任務執行 → 問題解決 → 決策建議 → 決策影響 → 策略參與

整合第三、四章內容，分析晉級機會：

階段	行為特徵	主管眼中的價值	晉級潛力
任務執行者	按指令完成工作	穩定執行力	低
問題解決者	主動解決現有問題	減少主管負擔	中
決策建議者	提出可行選項與分析	幫助主管決策	高
決策影響者	影響跨部門或決策方向	創造組織價值	高
策略參與者	共創未來策略方向	成為公司戰略資產	極高

✓ 行動指南：

　　檢視自己目前在哪個階段，設定下一步的晉升目標與對應的行為調整。

自我提問清單：擴張你的決策影響力

一、行為層（我做了什麼？）

我最近參與的三個專案裡，有哪一個成功影響了決策？

_____
_____
_____
_____
_____
_____
_____

最近一次回報主管，我有沒有提出多種選項和風險分析？

_____
_____
_____
_____
_____
_____

在跨部門合作時,我是否主動提供對對方有利的資訊或幫助?
_____
_____
_____
_____
_____
_____
_____

二、能力層(我擅長什麼?)

在決策討論時,我的哪一項能力最能幫助團隊?
_____
_____
_____
_____
_____
_____
_____

有哪個能力,如果我再精進 20%,會讓主管更信任我的決策?
_____
_____
_____

三、信念 / 價值觀層（我相信什麼？）

我是否相信自己有影響他人決策的能力？

是什麼信念，讓我在困難時依然選擇承擔責任？

有沒有一個舊有的信念（例：「我只是執行者」）正在限制我的成長？

_____
_____
_____
_____
_____
_____
_____

四、身分層（我是誰？）

如果團隊或主管要用一句話形容我，他們會怎麼說？

_____
_____
_____
_____
_____
_____
_____
_____

我希望兩年後，同事提到我時，用什麼身分來定義我？

_____
_____
_____
_____

_____

_____

_____

_____

✓ 行動建議：

將這 10 題寫在筆記裡，這一章學習完成後，花 30 分鐘靜下心回答。

2～3 個月後，重新檢視答案，你會發現自己的思維和行為已有變化。

📝 小提醒

影響力，不是天賦，而是可以設計的行為路徑。你現在在哪個階段，不代表你未來只能停留在這裡。這個模型，是讓自己有意識地走向下一步，不是為了標籤，而是為了行動。

第六節 建立跨部門信任的三大策略

當我們看見問題，幸運的話，是內部團隊改善就行。但多數情況，可能會需要跨部門的支持與調整。

很多 PM 卡在：
「明明方案很好，為什麼別部門不支持？」
不是方案不好，是**影響力基礎薄弱**。

策略一｜共贏提案：每次溝通先給對方好處
大部分 PM 提案時，想的是：「我要解決我的問題」。
決策層或其他部門想的是：「這會不會拖累我？」

練習：
每次提案前，先寫下：
「這個提案能為對方帶來什麼好處？」
哪怕只是減少麻煩，也是價值。

策略二｜資訊透明，但控制節奏
PM 容易「自己扛責任」，最後資訊黑箱，反而讓跨部門懷疑。
資訊透明，不是所有細節通報，而是**定期更新重要決策、進度與風險**。
✓ 透明建立信任，但要控制溝通節奏，別變成噪音。

策略三｜小勝利，積累影響力

別指望一開始就主導大型決策。

先從小專案、快速成功案例入手：

- 幫對方部門解決一個小痛點
- 或者提案一個低風險的改進
- 快速產生成果，再放大戰場

✓ 信任是累積的，不是一次贏得的。

小結

最終，這一章的目標不是讓你「做更多事」，而是學會用決策層看待 PM 的方式重新定位自己：

- 不只是需求處理者，而是機會發現者
- 不只是完成工作，而是創造組織價值的人

唯有這樣，你才更可能被視為「必須留下」的決策型 PM，而不是「可被取代」的執行者。

第五章

如何談薪、晉升，
突破職涯天花板？

> 你的價值，取決於你如何被看見與衡量。你的價值，取決於環境對你的期待與認知。

你如何讓自己被看見，以及認清環境的天花板，同樣重要。許多 PM 在職涯成長的某個階段，會遇到以下困境：

- 工作內容越來越多，但薪資卻沒有相應提升
- 想談薪資，但不確定時機是否恰當，也不知道該怎麼談
- 晉升之路不清楚，努力了很久，但加薪或晉升的都是別人
- 不確定自己的市場價值，總覺得「現在這份工作還可以」而不敢跳槽

這些問題的根源，往往在於：

1. 缺乏影響力與業務價值的量化證明
2. 沒有讓決策者清楚看到且認同你的貢獻
3. 缺乏談薪技巧或勇氣，不知道如何有效爭取應得的薪資與職位

本章將與你一起：

- ◆ 了解晉升與高薪的決定因素，讓自己的價值更具可見性
- ◆ 學會如何在內部獲得晉升，不只是執行者，而是影響決策的人
- ◆ 掌握 談薪的策略與實戰技巧，提升你的市場價值

第一節　為什麼你以為有些人能力不如你，卻薪資更高、晉升更快？

很多 PM 覺得自己表現不錯，主管也說「很好」——但就是沒晉升。

原因通常有兩種：

1. 主管對你的期待層級，比你自認的高（思維落差）
2. 你做得好，但沒有讓決策層**看到價值**，或者可取代性的門檻太低

內部晉升標準

標準	主管看的是？	常見誤解
業務影響力	你能影響指標、創造價值嗎？	只看「工作量」而非「成果影響」
問題解決力	是否能獨立處理複雜情境？	認為做得快＝能力強
團隊協作與領導潛力	團隊是否因你而更順暢？	「合作融洽」不等於「能帶人」
決策判斷能力	是否能提出權衡後的選項？	總等主管決定
自我成長與主動性	主動解決未知問題，還是等指派？	「主管沒說＝不做」

✓ 晉升的重點不是「做更多」，而是「創造更大價值＋降低替代性」。

敏捷行動練習：

👉 寫下你最近 3 次專案，對應這 5 個指標的具體貢獻。

多數人過去常以為：「能力強就應該薪資高、升遷快。」但現實中，真正影響薪資與職位的，包括：**能見度**、**影響力**、**業務價值**三大核心因素。

身為成熟的工作者，我們不需要躺在地上去哭喊「這不是肯德基」。相反地，我們應該搞懂遊戲規則，並且正面迎擊。一方面，才知道當前的自己哪裡還需要改善，另一方面，是知道下一階段，要怎麼贏。這不是跟別人的較量，而是跟自己的。

影響薪資與晉升的三個核心因素

1. **能見度（Visibility）**——公司是否「看見」你的貢獻？如果你做了很多事情，但從未被決策者看到，那麼你的價值在組織內就很有限。
2. **影響力（Influence）**——你是否能夠影響決策，而不只是執行別人的決策？你的意見是否影響了產品方向、業務策略、團隊運作？
3. **業務價值（Business Impact）**——你的工作是否直接帶來營收成長、用戶增長、成本降低？如果你的貢獻沒有數據化，那麼你的影響力就難以衡量，也無法作為談薪或晉升的有力依據。

> **案例分析** 同樣是 PM，為什麼 A 晉升了，而 B 沒有？
>
> PM A：能見度高，定期與高層溝通，讓決策者知道他負責的重要專案，並用數據證明他的影響力。
>
> PM B：能力不錯，但過於埋頭苦幹，缺乏與決策者的對話，因此他的貢獻被低估，最後沒有晉升。

行動指南：讓你的價值被看見

✓ 定期與主管對齊你的目標與影響力，確保他們知道你的價值
✓ 主動分享成功案例，讓你的貢獻數據化，而不只是口頭描述
✓ 在公司內部建立影響力，參與策略討論，而不只是被動執行

第二節 公司內部的晉升機制——你真的知道老闆在乎什麼嗎？

晉升的決策機制：是「按能力」還是「按需求」？

現實中，晉升並不總是給「最努力的人」，而是給「最符合公司需求的人」。舉例，如果公司不缺高級 PM，就算你再強，也可能沒機會晉升。

這也是前面提到的，看懂局的重要性。老闆現在最在乎的到底是什麼？我們所做的事情是否有能幫助他解決這樣的問題？

不要相信默默努力一定會被看見。如果工作內容沒有被決策者看到，或不符合需求，那麼你的貢獻就不會被考慮進晉升評估。

如何讓你的貢獻「可衡量」、「可見」，而不只是「默默做事」？

1. **數據化你的影響力**——例如，「這個產品決策提升了 20% 轉換率，或縮短了 30% 的開發時間」。
2. **定期輸出成果報告**——讓主管與決策者能夠輕鬆理解你的價值，而不需要自己去挖掘。
3. **主動發聲，參與決策討論**——不只是負責 backlog，而是主動影響產品方向。

行動指南：如何增加晉升機會？

✓ 與主管討論你的職涯發展，表達你的晉升意願。
✓ 確保你的績效數據能夠量化，並用簡潔的方式呈現。
✓ 多參與跨部門討論，讓不同層級的決策者認識你。

第三節 如何準備談薪？——薪資結構與市場行情解析

談薪的前提，是你對自己的市場價值有清晰的認識。如果你不了解業界行情，那麼談判基礎就會很薄弱，容易陷入「不敢開口」或「談判失敗（容易被帶偏，或是一問就倒）」的困境。

一，了解 PM 的薪資組成

參考矽谷或外商公司 PM 的薪資結構，通常包含以下幾個部分：

- 底薪（Base Salary）——固定收入，通常是薪資談判的核心
- 績效獎金（Performance Bonus）——根據公司業績與個人表現發放
- 股票期權（Stock Options / RSU）——適用於上市公司或新創企業，通常需要等待一段時間才能變現（台灣不一定有）
- 其他福利——如彈性工時、學習補助、健身津貼等

二，客觀判斷自己的市場價值

在談薪之前，我們需要先了解業界對 PM 角色的薪資行情，確保自己不會低估或高估市場價值。

如何獲取市場數據？

- **使用薪資數據網站**：Glassdoor、Levels.fyi、LinkedIn Salary 來確認市場薪資範圍，也可了解 FAANG 等公司的薪資區間作為長期目標
- **與同行交流**：參與 PM 社群，與業界朋友討論薪資區間
- **與獵頭聯繫**：詢問市場上的 PM 薪資範圍，特別是你目前這個資歷的價值

行動指南：盤點自己的市場價值

✓ 在薪資數據網站上搜尋你目前職位、地區的薪資範圍
✓ 與 3-5 位同行交流，確認不同公司對 PM 角色的期待與薪資
✓ 如果有獵頭聯繫你，主動詢問市場行情，了解你的競爭力
✓ 善用 AI：主動蒐集同仁對自己質性或量化建議，將機敏資料去識別化後給 AI 分析

R / 觀點

除了日常 1 on 1 或是發生事情的討論，我還有幾個做法，會蒐集回饋，

1. **公司內**：過去擔任小 Leader 時，隔一段時間，我會固定蒐集不同部門對 PM 團隊的回饋，並以此製作了產品部門 PM 以及個人的回饋報告、請 AI 依照公司內部及矽谷 PMLadder System 的分級，並輸出對團隊以及優點及改善點建議。幫助團隊更客觀地了解自己當前的定位，也獲得同仁的肯定。
2. **面試時**：我曾在跟 HR 聊完後，即便因為簽證等關係沒有辦法繼續，我還是主動詢問在我的履歷中，他們是看到哪些關鍵點，值得進一步聊聊？

3. 面試完：詢問面試官，經過今天的面試，有沒有對我有什麼建議，或者如果有機會加入，覺得我可能可以做好的優勢，或是需要注意的點是什麼？

這些問題的提問，以及後續的資料整理，都對進一步瞭解他人眼中的自己非常有幫助。並得以進一步升級自己。

三，思考內部談薪 vs. 跳槽談薪，哪一種更有利？

談薪通常有兩種方式：

1. 內部談薪──向現任公司要求加薪或升遷
2. 跳槽談薪──透過換工作獲得更好的薪資待遇

❑ 「內部談薪」的優勢與挑戰

　✓ 優勢：
- 不用適應新環境，較容易維持穩定的職涯發展
- 如果你的績效明顯，公司較可能願意給加薪機會

　✗ 挑戰：
- 內部加薪幅度通常較小（5%-15%），除非有晉升
- 如果公司預算有限，可能無法給出理想的加薪空間

❑ 「跳槽談薪」的優勢與挑戰

　✓ 優勢：
- 透過轉職，薪資通常能有較大幅度成長（20%-50%）
- 可以選擇更適合自己發展的環境與文化

　✗ 挑戰：
- 需要重新適應新團隊、新公司文化
- 如果跳槽頻繁，可能影響職場信譽

行動指南：內部談薪 vs. 跳槽談薪該怎麼選？

- 如果你的公司有晉升空間，且你有明顯的績效成果，可以先嘗試內部談薪
- 如果你的公司沒有晉升機會，或薪資長期停滯，可以開始考慮市場上的機會

關鍵是，建議先不要太快放棄溝通，先談建立 1-2 次正式討論看看。

第四節 談薪的策略與實戰技巧

一，談薪的最佳時機

談薪不是隨時都可以發起的，選對時機，成功機率會大幅提高。

最佳的談薪時機：

- ✓ **績效評估前後**——如果你的績效明顯，這是爭取加薪的最佳時機
- ✓ **公司財報表現良好時**——當公司業績成長，公司較願意增加薪資預算
- ✓ **你手上有外部機會時**——如果市場上有競爭性的報價，你可以藉此提升內部談薪的籌碼

不適合談薪的時機：

- ✗ **公司業績下滑、正在裁員**——這時候談薪，成功機率極低
- ✗ **主管剛換人，還不熟悉你的貢獻**——最好等主管對你的表現有更深入的了解後再談

二，談薪的 3 大策略

策略 1：數據化貢獻，讓你的價值不可忽視
- 錯誤方式：「我做了很多事，希望能調薪。」（這種說法缺乏具體證據）
- 正確方式：「我負責的 X 產品，讓用戶留存率提升了 15%，同時降低了 10% 的客服工單，這是否能反映在薪資調整上？」

策略 2：強調影響力，而不只是執行力
- 錯誤方式：「我把某某功能做完了。」
- 正確方式：「這個功能的開發，讓公司降低了 XX% 的營運成本，並提升了 XX% 的轉換率。」

策略 3：營造外部競爭力，提升內部談判籌碼
- 如果市場上有更好的機會，適時地讓公司知道你的市場價值
- 錯誤方式：「我要離職了，給我加薪吧。」（這可能讓公司認為你只是威脅）
- 正確方式：「最近市場上的 PM 需求旺盛，我有收到一些機會，但我希望能繼續為公司貢獻，因此想討論一下薪資調整的可能性。」

三，百萬年薪的談薪腳本範例

> 談薪，不是「我想要」，而是「為公司創造了什麼」的對話。

❏ 錯誤示範：

「我覺得自己應該加薪，因為我這一年來做了很多事情。」

❏ 正確示範：

✓「在過去的一年裡，我帶領團隊優化了 X 功能，使產品轉化率提高 20%，同時減少了 30% 的開發時間。此外，我也協助提升跨部門溝通，讓開發流程更加順暢。我希望能夠反映這些貢獻，看看是否有薪資調整的可能性？」

情境

目前年薪 90 萬，目標提升至 110～120 萬。

Step1 ｜開場建立正面框架

「主管，謝謝你過去一年對我的支持。我也看到團隊在我的專案裡獲得了不少成效，像…（舉例：提升 XX%、降低 XX%）。
我今天想和你聊聊，基於這些成果，未來的成長方向，以及相應的薪資調整可能性。」

Step2 ｜提出市場行情＋自身成長

「根據目前市場，同等資歷與影響力的 PM 範圍大約在 110～130 萬左右。而我過去一年，在 XXX、XXX、XXX 幾個面向已經達到了這樣的層級。」

（數據／具體專案事實支撐）

Step3 ｜提問，打開對話空間

「我很好奇，你覺得目前我的價值呈現，是否已經符合這個層級？如果有落差，未來 3～6 個月，我應該在哪些面向做進一步提升？」

（這裡不是「強求」，而是促使主管「說出晉升標準，並約定下次檢核時間」）

Step 4｜收斂，建立下一步

「無論這次是否馬上調整，我希望未來的努力方向與你的期待完全一致。方便的話，我也希望能約個時間更深入了解未來半年內的晉升路徑。」

✓ **重點：**

不是硬談「我要多少」，而是促使主管**說出標準與時程**。

行動指南：準備你的談薪計畫

- ✓ 列出過去一年的關鍵貢獻，並量化你的影響力
- ✓ 確認談薪時機，選擇最有利的時刻
- ✓ 模擬談薪對話，確保自己的表達方式有說服力

避開常見升遷誤區

誤區	正確做法
「我做得多就該升」	做得多≠做得對。主管看的是價值而非勞力
「主管沒提晉升，就是不支持」	很多主管預設「你沒問＝你還不急」。主動溝通
「等年度考核再談」	晉升是長期溝通，不是一次性事件
「我不想談薪，怕被貼標籤」	不談薪才會被忽略價值。談薪是專業溝通

反思

- 我是否準備過具體的「價值證明」來支持晉升／加薪請求？
- 最近一次專案，我有沒有將成果與公司目標做連結，讓主管知道？
- 我是否相信「談薪」是職場專業的一部分？
- 過去 12 個月，我主動向主管討論過晉升或薪資調整嗎？
- 如果內心抗拒談薪，那個聲音在說什麼（例如：怕被討厭、怕被拒絕、怕被標籤）？

- 我的價值觀中,有沒有一個限制性的信念正在阻礙我(例:「好表現自然會被看見」)?

談薪檢核表

這份檢核表幫助讀者「心理準備」+「實際策略」兩手抓,避免心虛或臨場慌亂。✓

準備項目	完成(✓)	備註
❶ 明確的市場行情資料(對應自身經驗、能力)		可用 104、CakeResume、PM 社團或獵頭資訊
❷ 過去一年具體成果列舉		需對齊公司 KPI,不只是「做過什麼」
❸ 主管重視的 5 大指標檢視		確認自己符合或接近期望層級
❹ 未來成長承諾(你能繼續帶來什麼價值)		提出未來 3～6 個月的成長路徑
❺ 預設可能的反應與對應說法		包含:接受、被拒絕、被模糊帶過
❻ 心理練習:面對拒絕的信念準備		「被拒不等於不被重視,是下一步溝通的開始」

小結

薪資不是運氣,是策略的結果。晉升不是主管的恩賜,也不是爭奪,而是你創造價值後的自然交換。如果你不主動表達,主管可能以為你還不急。

真正的成長型 PM,懂得設計自己的價值呈現路徑。這一章,不是教你當一個會「吵薪」的人,而是教你當一個會「呈現價值」並讓主管樂意投資你的人。

如果很認真談了，還是沒談成怎麼辦？那就看現階段的你，是否還能在這間公司獲得其他想獲得的。

職場工作的本質，就是利益交換過程（這裡的利益不見得是指錢，用自己的專業去換好的福利、好的成長環境，也都是一種），沒有誰需要勉強自己，或感到虧欠於誰。而不論留下還是離開，重要的，是要先準備好自己的「職涯資產」，才能讓自己下一步地跳躍更有說服力、更有底氣。

第五節 如何打造自己的「職涯資產」,確保薪資與職位持續增長?

> 薪資與職位,是職涯長跑的結果,而不是短期談判的偶然。

很多 PM 在談薪或晉升時,只關注眼前的薪水,但真正的高薪 PM 並不是只靠「一次成功的談判」,而是透過長期的職涯策略,**讓自己持續成為市場上炙手可熱的人才。**

在這一節,我們將探討:

1. 如何建立長期競爭力,讓你的薪資與職位穩定增長?
2. 如何成為市場上「獵頭眼中的高價值人才」?
3. 轉職 vs. 留在同一家公司,如何選擇?

第一步：建立你的「職涯資產」，確保薪資穩定增長

「職涯資產」是什麼？

職涯資產是指你在職場中累積的價值，這些價值決定了你的職涯發展空間與薪資上限。就像談判籌碼的概念，它包含：

- **業務影響力**：你對公司的成長與營運有什麼貢獻？
- **技能與專業**：你的技能是否持續進步，並符合市場需求？
- **市場聲譽**：業界是否認可你的價值？

如何提升自己的「職涯資產」？

行動指南：職涯資產的 3 大提升策略

✓ 累積「可衡量的成就」，並持續擴大你的影響力
  - 錯誤方式：「我參與了很多專案，經驗很豐富。」
  - 正確方式：「我主導的專案讓公司提升了 XX% 的轉換率，並減少了 XX% 的營運成本。」

✓ 學習市場需要的高價值技能
  - 錯誤方式：「我很擅長 Jira 管理專案。」
  - 正確方式：「我具備數據分析能力，能夠根據用戶行為優化產品決策。」

✓ 建立市場認可的個人品牌
  - 在 LinkedIn 或行業論壇分享你的專業觀點
  - 參與業界活動，與更多高層次人才交流
  - 如果可以，發表部落格或參與公開演講，提高能見度

> **案例分析** 兩種 PM，誰能持續提升薪資？
>
> PM A：一直在執行專案，但沒有累積可見的影響力，也沒有對市場趨勢保持學習。
>
> PM B：不只執行專案，還積極提升自己在數據分析、商業策略上的能力，並且在業界建立個人品牌。
>
> 你評估，5 年後，誰更可能薪資翻倍，或者被挖角？這就是職涯資產，一種需要被彰顯出來，才能增加談判籌碼的競爭力。

行動指南

拿起紙筆，試著做 3 件事：

- ✓ 盤點過去 3 年的成就，確保它們是「可量化」且「可見」的
- ✓ 選擇一個未來兩年內市場價值高的技能，開始投資自己學習
- ✓ 提升你的市場能見度，至少每半年更新一次你的 LinkedIn 或職涯資料

第二步：了解市場怎麼定位「高價值人才」？

HRBP 通常如何篩選候選人？

獵頭通常會從以下幾個角度來評估 PM：

- **是否有該領域經驗？**
  這對部分公司來說是關鍵，因為有該領域經驗代表一定程度的訓練與成熟度

- **是否有數據化的績效證明？**
  影響業務成長的數據，是 PM 最有力的證明

- 是否具備跨領域經驗？

  能同時理解產品、商業、技術的 PM，更有競爭力

行動指南：如何讓獵頭主動找上你？

✓ 優化你的 LinkedIn，確保你的職稱、工作內容與影響力清晰可見
✓ 加入 PM 社群或論壇，與業界的獵頭建立聯繫
✓ 當你開始考慮轉職時，主動聯繫幾個獵頭，了解市場行情

HRBP 重視的 5 大指標

根據經驗，這不僅是 HRBP 重視的指標，也是主管做晉升判斷時的核心。

晉升指標	提升行為建議
業務影響力	把所有成果對齊組織年度目標，每次專案回報時強調這一點
問題解決力	主動提出方案＋選項，降低主管決策負擔
團隊協作／領導	訓練 junior PM 或跨部門夥伴，幫主管建立後備力量
決策判斷	每次提案先做風險評估，主管會注意到
主動性	定期提出改進或策略提案，不等主管指派

行動練習：

☞ 把這 5 點做成每月的自我檢核，建立成習慣。

第三步：持續更新你的 Linkedin 與履歷，追蹤高手，保持與市場接軌

前面有提到，讓自己能被看見是重要的。因此建議每三個月到半年更新一次自己的資料，透過這樣的方式，也是很具體的時機，檢視自己是不是持續在做有價值的產出。

在最後的附錄章節，有提供職涯豹機器人，可以幫助你修改履歷。我們都知道，天上不會自己掉下禮物，薪資與職位的成長，不是一蹴可幾的，而是來自長期的職涯策略，與具體的行動。

本章行動指南回顧

1. 談薪前，先盤點自己的市場價值，確保自己有足夠的談判籌碼
2. 讓你的影響力「可見」且「可衡量」，確保決策者認可你的價值，能清晰知道具體哪些是來自你的貢獻，而不僅是掛名參與
3. 學習市場需要的高價值技能，不讓自己被市場淘汰
4. 建立職涯資產，確保自己能夠持續獲得更好的機會

第六章

職涯的轉折點──
該離開,還是留下?

> 像極了愛情──
> 或許還有許多改善空間，你也盡可能做了現階段能做的，接下來，要留下，還是離開？

在職場中，無論你是 PM 還是其他職能，都會遇到一個關鍵時刻：「我該繼續待在這家公司，還是該離開？」

甚至可能進階會思考

- 「這份工作我已經做膩了，該換個環境嗎？」
- 「現在市場行情不錯，是時候去試試更高的薪資嗎？」
- 「這裡已經沒什麼學習機會了，我還能在這裡成長嗎？」
- 「現在辭職是不是太衝動了？會不會其實還有解決方法？」
- 「做得好好的啊，有需要換嗎？」

這個問題可能來自於多種情境：

- 你感到在公司裡已經做到極限，沒有更高的成長空間
- 你的薪資停滯不前，而市場上的薪資更具吸引力
- 你對公司的文化、管理風格或產品方向感到失望
- 你覺得自己的影響力受限，無法發揮真正的價值
- 你單純想換一個環境，探索不同的機會

無論是哪種情況，一定要記得，這沒有標準答案。然而，我們都知道，**這個決定至關重要**，因為它不僅影響你的薪資與職位，更會影響你的長期職涯發展。

但問題是，該怎麼做決定？如何確保這不是「一時衝動」，而是「深思熟慮」的選擇？

本章將與你一起：

- ◆ 了解你的離職動機，確保你不是在逃避，而是主動選擇更好的機會
- ◆ 評估留下 vs. 離開的選擇，確保你看清楚自己的發展路徑
- ◆ 確保下一步更好，不只是「換工作」，而是「換到更適合你的地方」
- ◆ 處理離職過程，確保你能好聚好散，維持職場信譽

第一節　為什麼你開始想離開？是真心，還是逃避？

很多 PM 到了卡關期，第一反應是「要不要離職？」

但真正該問的是：

離開這家公司，是為了逃避？還是為了升級？

- ✓ 如果是「逃避」，即使換公司，瓶頸會重演。
- ✓ 如果是「升級」，你需要清楚知道：「我希望擁有的新價值是什麼？」

行動練習：

寫下目前工作無法滿足的價值觀（最多三項），作為轉職的核心目標。

思考離職的 3 種關鍵動機

當你開始考慮離職時，先問自己：「這是短期的不滿，還是長期的發展受限？」大多數人的離職動機，通常可以歸類為以下三種：

1. **成長受限**：已經沒有更多的學習與挑戰
   - 你覺得在這家公司已經沒有新的學習機會，所有的專案對你來說都是「重複性工作」
   - 你的技能沒有辦法進一步提升，未來的發展變得模糊

- 你曾經期待的晉升或挑戰機會，現在看起來已經不可能發生

✓ 適合轉職的情境
- 你的角色已經到達公司的天花板，沒有新的發展空間
- 你希望培養的新技能，在這家公司沒有機會施展
- 你的主管或組織沒有提供職涯發展的機會

✓ 可以考慮留下的情境
- 你還有學習機會，但只是暫時沒有適合的專案
- 你的成長受限是因為「溝通不夠」，而不是公司真的沒有機會

2. 環境因素：文化、管理風格或組織變動讓你不再適應
   - 公司內部的管理方式與你的價值觀不符
   - 你的主管不支持你的成長，甚至成為你的職涯阻礙
   - 公司文化從開放透明，轉變為決策邏輯透明度較低的運作模式
   - 團隊流動率過高，你的好夥伴一個個離開，你感受到孤立

✓ 適合轉職的情境
- 你對公司的核心文化與價值觀感到不滿，這不是短期能改變的問題
- 你的主管明顯不支持你，甚至對你的職涯發展造成負面影響
- 你已經觀察到公司開始出現大規模人才流失，顯示組織可能正在走下坡

✓ 可以考慮留下的情境
- 你所在的團隊還是健康的，只是公司高層的決策讓你不滿
- 你還能找到志同道合的夥伴，並且可以適應環境變動

3. 薪資與市場價值：你的價值被低估
   - 你的薪資已經 2-3 年沒有調整，而市場行情明顯更高
   - 你發現市場上的 PM 角色，薪資比你高出 20-50%
   - 你想要獲得更好的報酬，但公司沒有給你這個機會

✓ 適合轉職的情境
- 你的薪資長期停滯，無論績效如何，公司都沒有調整的意願
- 你已經嘗試與主管談薪，但沒有得到具體的回應或改變

✓ 可以考慮留下的情境
- 你確信公司有晉升與加薪的空間，並且已經規劃未來的成長機會
- 你除了薪資，還有其他值得留下的價值，例如公司的品牌、學習機會、職涯發展路徑

透過「離職評估清單」，幫助自己做出理性決策

當你開始猶豫時，可以透過這個簡單的評估表，幫助自己釐清問題：

這個測驗能幫助你快速評估，你的職涯是否到了「必須離職」的階段。請根據你的真實感受，對每個問題評分：

- 1 分 = 完全不同意
- 2 分 = 偶爾這樣覺得
- 3 分 = 偶爾感到困擾
- 4 分 = 經常這樣想
- 5 分 = 這正是我的狀況

#	問題	評分 (1-5)
1	我的工作已經沒有挑戰性，讓我感到無聊或停滯。	
2	我在這份工作中已經沒有明顯的成長機會，與我的職涯有衝突。	
3	我與主管的關係不佳，影響了我的工作滿意度與發展。	
4	我在公司內的努力與成果，沒有得到應有的認可，公司沒有明確的晉升機會	
5	我在這份工作中感受到長期的壓力，影響到我的健康與生活品質。	
6	公司的文化或價值觀，與我的個人價值觀不符。	
7	目前的薪資與福利，明顯低於市場水平，且調薪空間不大，我的薪資已經 1-2 年沒有大幅提升	

#	問題	評分 (1-5)
8	我對公司的未來發展沒有信心，擔心長期待下去會影響職涯前景。	
9	我已經開始羨慕其他人的工作，甚至經常想像自己在別的公司會不會更好。	
10	我有更好的外部機會在等著我（如獵頭邀約、內部推薦）。	

計算總分：

- **10-20 分→短期挫折，先觀察與調整**（目前的困境可能是暫時的，先試著優化現況）
- **21-35 分→可以探索機會，但不急著離開**（你可能有部分不滿意，但還有可改善空間）
- **36-50 分→你應該認真考慮離職選項**（你的職涯可能已經受限，應積極尋找更好的機會）

如果你的分數落在 **36 分**以上，那麼接下來的「**推力 vs. 拉力分析**」會幫助你更深入了解你的離職動機，確保這是個理性的決策，而非衝動的選擇。

推力 vs. 拉力分析 —— 你的離職動機，是真問題，還是假困擾？

- 「**推力**」（Push Factor）：讓你想離開的原因，通常是來自於負面的職場環境，例如職涯停滯、薪資低落、文化不符等。
- 「**拉力**」（Pull Factor）：吸引你去新公司的理由，通常是更好的薪資、更有發展的機會、更符合價值觀的文化等。

請填寫下表，列出讓你想離開的「推力」以及吸引你的「拉力」，並評估哪一方的力量更強？

推力（讓你想離開的原因）	拉力（新機會的吸引力）
例：公司沒調薪	例：外部公司願意加薪 20%
例：主管風格僵化	例：新機會的主管是你欣賞的類型
例：目前職位沒有成長空間	例：新工作提供明確的晉升機會

如何解讀結果？

- **如果推力大於拉力**→你可能只是對現狀不滿，而不是有更好的選擇。可以先試著優化現況，例如談薪、內部轉調、尋求成長機會。
- **如果拉力大於推力**→代表你真的有更好的機會在等你，應該積極準備下一步，避免錯過時機。
- **如果兩者相當**→你需要更細緻的分析，例如比較新機會是否真的能解決現在的問題？

結論與行動指南

如果你仍然猶豫不決，可以考慮這三個關鍵問題：

❓ 如果我現在不離職，6 個月後的狀況會變好嗎？

_____
_____
_____
_____
_____
_____

❓ 這份工作的價值，是否還能幫助我達成 3-5 年的職涯目標？
_____
_____
_____
_____
_____
_____
_____

❓ 這次的離職決定，是真正的成長選擇，還是逃避當下的問題？
_____
_____
_____
_____
_____
_____
_____

如果你的答案偏向「不會變好」、「已經沒有幫助」、「只是想逃避」，那麼離職可能是比較好的選擇。

如果你的答案是「還有機會改善」、「這裡還能提供價值」、「目前只是短期困境」，那麼留下來並嘗試改變可能會更有利。

本節行動清單

- ✓ 完成**離職評估清單測驗**，判斷自己的離職指數
- ✓ 使用**推力 vs. 拉力分析**，確認你的離職決策是否有理性依據
- ✓ 深入思考 **3 個關鍵問題**，確保自己不是因為短期情緒做決定

在下一節，我們將進一步探討：「如果留下，你該如何主動創造更好的環境？」而「如果選擇離開，我們該如何讓自己未來更好？」

行動指南：如何評估你的下一步？

- ✓ 列出你的 3-5 年職涯目標，評估目前的工作是否符合這個目標
- ✓ 與業界人士交流，了解市場上的機會與挑戰
- ✓ 如果考慮轉職，至少面試 3-5 家公司，確保你選擇的是最好的機會

第二節 決定前，真的看清楚自己的選擇了嗎？

在第一節中，我們透過**離職評估測驗**以及**推力 vs. 拉力**分析，幫助你判斷是否該離職。然而，即使你的測驗結果顯示「該考慮離職」，這也不代表你一定要立刻遞出辭呈。

很多人離職後才發現，**新公司並沒有想像中美好，甚至還不如原來的環境。**因此，在做出最終決定前，你需要進一步確認：「我真的看清楚自己的選擇了嗎？」

第一步：你的問題，真的只有離職才能解決嗎？

為什麼要轉職？下一步是什麼？

- 我最近的行動是為了解決什麼問題？
- 這些行動是否能在目前公司內完成？

- 我的哪項能力在目前被忽視？
- 新機會能否放大這個能力？

- 我轉職，是因為「厭倦」還是「渴望」？
- 我真正想要的工作價值是什麼？

- 我希望自己成為什麼樣的 PM？
- 新的機會能否支持這個身分？

轉職或留下的決策評估

問題	是/否	備註
我目前的工作，是否滿足我的核心價值觀？（最多三項）		例：成長、影響力、學習自由度
我是否有足夠的決策參與機會？		請使用前節「決策權比例工具」檢查
我的技能或影響力是否因目前環境而停滯？		可思考是什麼阻止了你？
我對目前公司的未來成長性是否有信心？		可思考當前的天花板在哪裡？短中期還有擴展可能嗎？
我已主動與主管討論過未來 6～12 個月的晉升或成長路徑？		如果沒有，先做溝通行動
如果留下，我能具體做哪些改變突破目前瓶頸？		寫下三個行動
如果轉職，我的核心目標是什麼？		薪資、決策影響、學習、工作型態
我是否完成「面試影響力故事」的準備？		依第五章提供的 STAR ＋影響力元素撰寫

決策建議：

✓ 如果 4 題以上「否」＋找不到具體改善方法→應積極探索轉職機會
✓ 如果大部分為「是」或有可行改善方案→優先嘗試內部突破

離職和留下，表面是選擇公司，實質是選擇自己下一階段的價值與身分。不懂策略的人，只能被市場選擇；懂策略的人，才能主動選擇市場。

這一章：讓先不要把離職當「目標」，能「有效升級」，才是你真正目標。

有時候，我們對工作的不滿，**其實可以透過內部調整來改善，而不一定要離職**。請先思考以下問題：

問題	如果答案是「是」，該怎麼做？
這份工作還有我的成長空間嗎？	與主管討論你的發展計劃，是否可以轉換職位、爭取更多挑戰。
這份工作的問題，是否可以透過內部談薪來解決？	若薪資是主要問題，可準備數據來談加薪。
公司文化或環境是否有可能改善？	嘗試調整工作模式，或尋找更適合的團隊內部轉調。
我是否對所有選擇都深入了解了？	研究市場上的其他選擇，確保自己不是因為短期情緒離職。

如果你的答案多數是「是」，那麼離職可能不是唯一的解法。你可以先嘗試在公司內部爭取更好的機會，並在確定沒有改善空間後，再考慮下一步。

但如果你的答案多數是「否」，那麼你應該開始為下一步做準備，確保自己能夠在最好的時機離開，而不是草率行動。

第二步：「留下」的選擇——如何主動創造更好的環境？

如果你決定暫時不離開，那麼你應該積極創造讓自己願意留下的理由，而不是被動等待環境改善。這裡有幾個方法，可以幫助你提升職場滿意度，甚至在現有環境中獲得晉升與加薪機會。

1. 爭取更有挑戰性的工作內容

如果你覺得工作變得無聊，可能是因為你的學習曲線趨緩，缺乏新的挑戰。

- ✓ 與主管溝通，表達你對更高難度專案的興趣
- ✓ 主動跨部門學習新技能，拓展你的影響力
- ✓ 加入公司內部的重要專案，提高你的可見度

2. 提高你的能見度，讓價值被看見

有時候，我們覺得自己「沒有受到應有的認可」，其實是因為高層根本沒有注意到我們的貢獻。

- ✓ 定期向主管報告你的績效，讓決策者看到你的價值
- ✓ 在內部分享成功案例，讓團隊了解你的影響力
- ✓ 參與跨部門會議，提升你在組織內的影響力

3. 內部談薪，讓你的薪資符合市場行情

如果你的主要不滿來自薪資，那麼你應該先嘗試內部談薪，而不是直接離職。

- ✓ 準備數據，證明你的貢獻如何影響公司業績
- ✓ 與主管討論可能的薪資調整或額外獎勵方案
- ✓ 如果薪資無法立刻提升，詢問是否能透過額外福利（如股票、學習補助）來補足

第三步:「離開」的選擇—確保你的下一步更好,而不是「換一個坑」

如果你確定要離開,那麼你需要確保自己不是「逃離現有問題」,而是「選擇一個更好的機會」。

在做出決定前,最佳策略是能確保**新公司的條件真的優於現有公司**,避免只是因為短期壓力而倉促轉職。

可以透過以下方式檢驗新機會是否值得跳槽:

✓ 薪資成長是否達到 20% 以上?

👉 若薪資提升低於 20%,而你又需要適應新環境、面對不確定性,那麼這次轉職的價值可能不高。

✓ 新公司是否能解決你在現職的問題?

👉 例如,如果你現在的問題是主管管理風格不適合你,那麼新公司的主管真的更適合嗎?

✓ 新公司的成長性與穩定性如何?

👉 研究新公司的市場表現、商業模式、內部文化,確保這不是短期的泡沫機會。

✓ 你的職涯發展是否能因此加速?

👉 這次轉職能否讓你學習新技能、獲得更大的影響力?

不一定要每一項都能符合,只能有命中你下一階段需要的元素,且沒有違背之處,就可以是能參考的方向。

結論與行動指南

離職並不是解決問題的唯一辦法,而是職涯成長的策略之一。

你該留下?還是該離開?可以根據前面的討論,結合以下條件來判斷屬於自己的最佳選擇:

✓ **適合留下:**

- 你還有成長空間,且公司內部有機會可以爭取
- 你的問題可以透過內部調整(如談薪、轉調)來解決
- 你目前的市場競爭力還不足,短期內轉職可能風險過高

✗ **適合離開:**

- 你已經停滯一段時間,沒有明顯的成長機會
- 你的薪資低於市場水準,且公司沒有調薪空間
- 你已經有明確的外部機會,且這個機會符合你的長期目標

本節行動清單

- ✓ 確認你的問題是否能在內部解決,而不是直接選擇離職
- ✓ 如果選擇留下,制定一個 6 個月內的成長計畫,讓自己在現有環境中獲得更好的機會
- ✓ 如果選擇離開,確保新機會真的能解決你目前的問題,而不只是逃避現狀

職涯不是短跑,而是一場長期的策略規劃。

在下一節,我們將進一步探討:「如果決定離職,該如何確保下一步更好?」如何在市場中精準定位自己,確保下一份工作薪資更高、發展更快?

第三節

決定離職後,如何確保下一步更好?

如果你已經清楚自己**是時候離開**,那麼下一個關鍵問題是:**如何確保你的下一步比現在更好?**

許多人離職後,才發現新公司並沒有想像中理想,甚至可能比原來的環境更糟糕。因此,在遞出辭呈之前,你需要做好準備,確保下一份工作能真正幫助你成長,而不只是「換個地方繼續煩惱」。

本節將幫助你:

1. 設定你的職涯目標,確保你的選擇與長期發展方向一致
2. 準備轉職所需的職場資產,讓你在求職市場更具競爭力
3. 評估新機會是否真的比現職好,避免從一個坑跳到另一個坑

第一步:明確你的職涯目標,確保這次轉職有意義

在決定轉職前,你需要問自己:

- 我希望 3-5 年後的自己,處於什麼樣的職位?
- 這次轉職能否幫助我更快達成這個目標?
- 我想培養哪些新的技能?新公司能提供這樣的機會嗎?
- 這次轉職是為了更高薪水?更好的學習機會?還是更健康的工作環境?

你的轉職應該是為了「讓自己更接近理想職涯或生活方式」，而不只是為了解決當下的不滿。如果新機會不能幫助你提升核心競爭力，那麼即使薪水更高，長遠來看可能也不會對你的職涯帶來太大幫助。

行動建議：

✓ 在筆記本或 Notion 記錄你的職涯目標，列出你希望未來 3-5 年內達成的關鍵成就（也可以用 PR/FAQ 方式撰寫，可以是簡單的 checklist，也可以是夢想版的形式）

✓ 確保你的下一份工作，至少能幫助你達成其中 2-3 項

補充：PR/FAQ 是 Amazon 所使用的溝通方式，概念是，在產品的 Day1 就先思考產品上線會怎麼跟內部溝通、跟客戶溝通、大家可能會詢問什麼問題，像這樣，以終為始的方式，去帶出產品這個階段的成果與樣貌（詳細可搜尋相關網站）。

身為 PM，在產品管理中，我們需要設定「北極星指標」（North Star Metric），確保產品的長期方向正確。同樣的，我們的職涯，也是一個我們人生必須經營的產品，也需要清楚的「北極星指標」，來確保自己不會迷失在短期選擇中。

PR/FAQ 內容可以包含不同的目標層級，例如：

目標層級	內容示例
北極星指標	5 年內，成為影響更大決策的產品負責人
2-3 年目標	進入一線科技公司 / 新創公司負責核心產品
1 年內目標	提升策略思維，帶領一個高影響力的專案
本季度 OKR	完成 X 項數據分析專案 / 與 3 位業界前輩交流

當你開始迷茫時，就回頭看看這張表，問問自己：「現在的這個選擇，是否能讓我更接近我的北極星？」

第二步：拿出你的職場資產，提升市場競爭力

如果你決定轉職，那麼你需要確保自己在求職市場上有足夠的優勢。你的競爭力，取決於以下幾個因素：

1. 你的履歷是否能凸顯你的價值？

❏ 錯誤的履歷寫法：
- 「負責某某專案」➡ 這樣的描述過於模糊，無法顯示你的影響力
- 「協助產品開發」➡ 這讓你聽起來只是執行者，而非決策者

❏ 更好的寫法：
- ✓ 「主導 XX 產品開發，使用戶轉換率提高 20%」
- ✓ 「優化內部流程，將產品開發週期縮短 30%」
- ✓ 「跨部門協作，提升數據決策能力，提升營收 15%」

☞ 行動建議：
- ✓ 在履歷與 LinkedIn 上，**數據化你的影響力**，確保你的貢獻可量化
- ✓ 讓你的職位敘述凸顯你的決策能力，而不只是執行力

2. 你的市場價值是否明確？

你是否清楚自己在市場上的定位？如果你打算轉職參考前面提到的，，你應該：

- ✓ **了解市場行情**：使用 Glassdoor、LinkedIn Salary、Levels.fyi 查詢你的薪資範圍
- ✓ **與獵頭交流**：聯繫幾位獵頭，了解目前市場上的 PM 薪資與機會
- ✓ **訪談同行**：詢問在其他公司擔任 PM 的朋友，了解不同公司的文化與發展空間

☞ 行動建議：
✓ 建立一份「市場薪資報告」，列出不同公司的薪資範圍與成長機會
✓ 確保你的薪資談判基於數據，而不是憑感覺開價

第三步：你的下一步該怎麼選？

當你清楚自己的價值觀與目標後，接下來的關鍵就是**如何做出最適合自己的職涯決策**。

有時候，薪資的成長讓人心動，但其他條件卻讓人猶豫；有時候，現職雖然穩定，但你心裡知道，這份工作已經無法帶你前進。

在這樣的選擇困境中，你可以使用「**新職場審核清單**」，用系統化的方法評估新機會，確保你的決策符合長期發展目標。

❑ 如何使用「新職場審核清單」？

1. 列出你在選擇工作時，最重要的 4-6 個考量因素。
2. 為這些因素設定不同的比例。對比現有工作與新機會，計算總分，幫助你理性決策。

案例：某 PM 的職場選擇比例分析

因素	比例	現有工作	新機會 A	新機會 B
成長機會	35%	3	4	4
影響力	30%	4	4	3
薪資	20%	3	3	4
團隊文化	15%	3	4	3
總分	100%	3.25	3.75	3.5

❑ 如何解讀？

- 如果新機會的總分明顯高於現有工作，可考慮轉職。
- 如果差距不大，則應進一步考慮公司文化與發展空間。
- 但要有心理準備，面試一定都是

行動指南：用數據化方法做職涯決策

1. 設定你的職場選擇比例，確保它符合你的長期價值觀。
2. 對比現有工作與新機會，做出理性決策。
3. 確保你的選擇，能讓你更接近 3-5 年後的理想狀態。

許多人在轉職時，過度關注薪資，而忽略了其他關鍵因素。薪水的提升固然重要，但如果新公司的文化、工作模式、成長機會不理想，你很可能會後悔自己的決定。

在決定接受新工作前，你應該評估以下幾點：

評估項目	低風險（值得加入）	高風險（可能是個坑）
薪資與總報酬	提供市場上 20%-50% 的薪資成長	只有小幅度加薪，或條件模糊
公司成長性	企業業績穩定成長，有明確發展策略	財報不佳，或經常裁員
職涯發展機會	能學習新技能，擔任更重要的角色	只是換個地方做類似的工作
團隊與文化	面試過程順利，感覺與團隊契合	團隊流動率高，面試氣氛壓抑
工時與工作壓力	合理工時，重視工作與生活平衡	經常加班，缺乏明確的升遷機制

如果你發現新公司的**薪資高，但發展空間有限、文化不佳、工時過長**，你可能需要重新評估這是否值得跳槽。

- ☐ 風險提醒：
  - 小心美好濾鏡：不像現有工作，長期相處你當然會知道優缺點在哪。面試時不同，不論是應試者還是面試官，一定會盡可能展現最美好模樣。
  - 如何注意？觀察整個流程體驗
    - HR 的溝通內容
    - 面試官的提問內容
    - 整個面試 flow 怎麼走
    - 應約是否準時或即便因故遲到，是否是在合理範圍內（如 10 分鐘）
    - 承諾的時間或事情是否有做到等

結論與行動指南

決定離職，並不代表你的下一步一定會更好，你需要確保你的選擇是基於長期發展，而不是短期情緒。

轉職前應該先確認的三個問題：
1. 這次轉職能讓我更接近長期職涯目標嗎？
2. 新工作的薪資、發展機會、文化，真的比現職好嗎？
3. 我的履歷、談薪技巧、市場定位，都準備好了嗎？

本節行動清單

- ✓ 設定你自己的「新職場審核清單」
- ✓ 設定你的 3-5 年職涯目標，確保轉職方向正確
- ✓ 優化你的履歷與 LinkedIn，讓你的影響力更具可見性
- ✓ 了解市場薪資行情，確保自己不會低估價值

如果最後發現新工作勝於現有工作，自己也準備好迎接下一個挑戰，那麼在下一節，我們將探討**如何提出離職，確保好聚好散，並「盡可能」留下良好的職場信譽**。如果你已經決定離開，這一節將幫助你確保離職過程順利，讓未來的職涯發展更順利。

第四節 如何提出離職，優雅轉身？

離職並不只是「告知主管」這麼簡單，這是一場談判、一次專業表現的機會，也是一個決定未來職場關係的關鍵時刻。如果處理得好，你不僅能確保自己好聚好散，還能為未來留下良好的職場信譽，甚至獲得更多機會。

在這一節，我們將探討：

❶ 何時是最佳的離職時機？
❷ 如何判斷主管個性，選擇合適的談話方式？
❸ 如何確保交接順利，避免影響團隊運作？
❹ 如何優雅地處理離職談判，確保自己不被情緒勒索？
❺ 如何為未來留下良好的職場人脈？

一，離職的最佳時機：何時該提，何時該等？

雖然離職是個人決定，但時機點會影響你的談判空間與職場關係。在提出離職之前，請先評估幾個關鍵點：

☐ 適合提出離職的時機

✓ **績效評估結束後**──如果你預計能拿到獎金或年終分紅，最好等發放後再提出。

- ✓ 完成重要專案或交付里程碑後——這樣不會影響團隊進度，也能為自己留下一個好的職場形象。
- ✓ 新工作的 offer 確定後——確保下一步有保障，避免因談判問題而陷入職場空窗期。
- ✓ 公司財務狀況穩定時——避免在裁員潮或組織重組期間離職，以免影響談判條件。

不適合提出離職的時機

- ✗ 公司正面臨重大危機——如果離職會影響團隊生存，可能會引發不必要的矛盾。
- ✗ 剛換主管，還在建立信任關係時——如果新主管尚未對你有完整評估，過早離職可能影響未來推薦信。
- ✗ 短期內有重大變動（上市、併購等）——在這種時機離職，可能會影響你的獎金或期權收益。

＊僅供參考，非絕對，照顧自己還是最重要的。

二，如何判斷主管個性，選擇適合的談話方式？

不同的主管，對於離職的反應不同。如果你能事先判斷主管的個性，並選擇合適的談話方式，就能降低衝突，確保談話順利。

最重要的，你是最知道主管是什麼樣的人，也知道自己在這間公司獲得與學到什麼，如果被你也敬重的主管挽留，保持感恩的心，絕對是很重要的關鍵。

而如果沒有被挽留，也千萬不要灰心或影響，只要真心地彼此祝福即可！

常見的主管類型及應對策略分享

主管類型	特徵	應對方式
理性務實型	冷靜分析，關心交接與業務影響	直接說明離職原因，準備好交接計畫，讓他知道不會影響團隊運作。
大辣辣型	直來直往，不喜歡繞圈子	
情感豐沛型	會說「未來還有很多計劃」、「我們一起走到現在了」	不被情緒影響，重申「這是個人成長決定」，明確表達離職時間與交接方式，不讓談話無限延長，避免過多討論。
拖延迴避型	會想拖延離職時間，要求「再撐一下」	
PUA 型	「公司栽培你這麼久」、「你這樣太不負責任了」	

❑ 如何調整談話方式？

如果你的主管是**務實型**或**大辣辣型**，可以直接說明離職決定，重點放在交接計畫上，不需要過多鋪陳。

如果你的主管**感情較豐富或會施壓**或 PUA 型，則要有心理準備，避免被影響。你可以使用「重複表達法」來強化個人意志：

主管：「你為什麼要離開？這不是我們對你的期待！」
你：「我理解你的想法，但這是我經過深思熟慮後的決定，請你理解。」
主管：「你真的不能再考慮一下嗎？」
你：「這是個人成長的決定，我已經確定了，謝謝你的理解。」

當你重複表達相同的立場，對方會知道你不會改變決定，談話也會比較快結束。

三、如何確保交接順利，避免影響團隊運作？

離職的專業表現，不只是在談話，而是在交接的過程中。

交接計畫應該包含以下內容：

- ✓ **未完成的專案列表**——讓團隊知道哪些項目需要承接。
- ✓ **重要聯絡人**——列出你經常合作的部門與關鍵聯絡人。
- ✓ **文件整理與知識傳承**——整理 SOP、產品規格文件，確保後續人員能快速上手，透過 email 方式，cc 給主管、HR 與相關人員。
- ✓ **關鍵技術或工具說明**——如果你負責某些關鍵技術或內部系統，確保團隊能順利接手。

❑ 如何提升交接效率？

❶ **提前與接手人對齊工作內容**——讓他清楚知道自己需要承接哪些事項。

❷ **舉辦 handover 會議**——親自介紹工作內容，確保資訊順利傳遞。

❸ **製作 FAQ 文件**——記錄常見問題，避免離職後團隊還要一直來問你。

❑ 交接後，如何避免持續被打擾？

- 將你的聯絡方式從內部系統移除，避免同事還在找你處理工作。
- 在交接完成時，明確告知團隊：「未來關於這些項目，請聯絡 XX。」

四、如何優雅地處理離職談判，確保自己不被情緒勒索？

❑ 如何應對挽留？

❶ **主管想挽留，但條件不夠吸引人**

主管：「如果我們給你加薪 10%，你願意留下嗎？」

你:「感謝你的肯定,但這次離職的原因不只是薪資,而是我想追求不同的挑戰。」

❷ **主管希望你「再撐一下」**
主管:「可不可以多留 3 個月?讓我們找到適合的人選。」
你:「我理解你的顧慮,但我已經確定了最後工作日,我會確保交接順利。」

☐ **離職談話的 3 大原則**
✓ **感謝過去,但不給希望**:「我很感謝在這裡的成長經驗,但這是個人發展的決定。」
✓ **重點放在交接,而不是理由**:「我已準備好交接計畫,確保團隊能夠順利過渡。」
✓ **保持專業,不受情緒影響**:「我已經確定了,請理解我的決定。」

五、如何為未來留下良好的職場人脈?

離職不是結束,而是職場關係的延續。如果處理得好,未來你還可能與這些同事或主管再度合作。

☐ **保持良好關係的方式**
✓ **與同事和主管告別時,表達感謝**:「很高興曾經與大家共事,期待未來有機會再合作!」
✓ 在**離職後維持聯繫**——可以透過 LinkedIn 保持聯絡,未來可能還有合作機會。
✓ **如果有機會,幫助接手的人員適應**——這能讓你的職場信譽更好,留下好印象。

總結：如何提出離職，優雅轉身？

❶ 選擇適當的時機，確保離職不影響個人利益
❷ 判斷主管個性，選擇適合的談話方式
❸ 準備好交接計畫，確保離開後不影響團隊
❹ 應對挽留與情緒勒索，保持專業與堅定
❺ 維持職場關係，為未來留下良好人脈

這樣，你不只離開得體面，還能為未來的職涯打下更好的基礎。

但是，也有例外，不是所有情況，或環境，值得去思考這些，或為他們著想那麼多。

例外狀況：如果公司有霸凌或 PUA 文化，保護自己最重要！

最後，有一個**例外情況**——如果你的公司存在**職場霸凌、PUA（精神控制）或其他不健康的管理文化**，那麼你的離職策略應該完全不同！

在多數情況下，我們都希望離職能夠「好聚好散」，但如果你的公司或主管出現如果你的公司存在**職場霸凌、PUA（精神控制）或其他不健康的管理文化**，那麼你的離職策略應該完全不同！你不需要考慮如何優雅轉身，而是應該**以自我保護為優先**，確保自己能夠安全且有利地離開。

這類例外情況，通常包括但不限於：

- **職場霸凌**——主管或同事刻意貶低、排擠、公開羞辱你，讓你處於敵對環境。
- **PUA（精神操控）**——主管或組織透過打壓、灌輸「你不夠好」的想法，使你產生過度依賴或自我懷疑。即便你有求救，也不願意協助或溝通，容忍既得利益者張揚，反過來指責或是影射是不是你做的不夠好。

- **惡意拖延薪資或遣散費**——公司明知要裁員，但不提前告知，或惡意拖延賠償金、違約金。
- **違法行為**——公司涉及違規經營、薪資違約、性騷擾、強迫加班等違法行為，甚至要求你參與灰色地帶業務。

如果你遇到了上述情況，你不需要考慮如何「保持關係」或「顧及團隊」，而應該**直接進入防禦模式**，確保自己的權益不受損害。

如何應對惡劣職場環境？

1. 優先蒐集證據，確保自己有法律保障

如果你的離職涉及任何職場霸凌、PUA 或違法行為，請務必**蒐集相關證據**，以保護自己的權益。

- ✓ **記錄書面證據**——例如 Email、Slack 訊息、微信聊天記錄，保留上司或 HR 的正式回覆。
- ✓ **錄音或截圖**——如果主管曾經對你有不當言論，可以在合適的法律範圍內進行錄音或截圖保存。
- ✓ **蒐集工作證明與薪資單**——確保自己未來能順利轉職，避免 HR 惡意封鎖相關文件。

2. 確保經濟安全，不要裸辭（除非情況極端）

在惡劣環境下，很多人會產生「我受不了了，我要立刻走！」的想法。但如果沒有找到下一份工作，經濟壓力可能會讓你陷入更困難的處境。

- ✓ **如果情況允許，先找好下一份工作**——不要因情緒衝動而立即裸辭，先確保自己有穩定的收入來源。
- ✓ **如果情況緊急，尋求外部支援**——可以尋找職場法律顧問、工會、甚至勞動局來協助你維權。
- ✓ **必要時候，尋求合法的銀行信用貸款**——或許在有些人眼裡，這可能不是好方法。但我認為，能活下去也是非常重要。吃飯、繳房租都需

要錢，客觀計算未來 3～6 個月生活開銷所需，加上一些備用金，如果算下來明顯不足額，那善用低利率的銀行信用貸款可能是一個選項（絕對不是要你非理性舉債），核心需求是，透過基本保障，避免自己因為經濟壓力，太著急地從一個坑、跳向另一個坑。

3. 盡量減少不必要的正面衝突，避免「硬碰硬」

如果公司本身管理混亂，或主管惡意刁難，與他們正面衝突可能會讓你吃虧。

- ✘ 錯誤做法：「你們這樣根本是違法的！我要公開爆料！」（這種方式可能讓公司提前對你進行封鎖或報復）
- ✓ 正確做法：「我已經考慮過了，這是個人發展決定，我會確保交接順利，感謝你的理解。」（確保自己能安全離開，之後再視情況維權）

4. 不需要幫公司找交接人，也不要對他們有負罪感

如果你的離職是因為惡劣環境，不需要為公司安排接班人或過度考慮團隊影響。

- ✓ 可以簡單交接文件，但不必為公司承擔額外責任
- ✓ 避免 HR 或主管的「情感綁架」——他們可能會說：「你走了，這個團隊怎麼辦？」但這不是你的責任，而是公司的問題。

5. 提前與 HR 確認離職流程，確保最後的薪資與賠償不被拖延

某些企業會在你提出離職後，**惡意拖延工資、年終獎或遣散費**，甚至對你進行職業報復（例如惡意給出負面背景調查）。

- ✓ 在書面上確認所有應得款項，例如最後一筆薪水、獎金、補償金。
- ✓ 確保自己拿到離職證明，這對未來入職新公司可能至關重要。
- ✓ 若有異常，及時向勞動部門或法律顧問求助，確保自己權益不受損害。

特殊情況：如果公司出現違法行為，該怎麼做？

如果你的公司**明顯違法**，例如逃漏稅、違規裁員、強迫加班不給薪，甚至有更嚴重的問題（如歧視、性騷擾），你應該採取更嚴謹的應對方式。

☐ 如何處理？
- ✓ 保留所有違法行為的證據（截圖、錄音、Email 紀錄）。
- ✓ 如果涉及勞動法問題，先諮詢勞動局，確認如何維權。
- ✓ 若影響到職場信譽，可以考慮匿名在 Glassdoor 或相關社群分享經驗，提醒其他人避開這家公司。

☐ 是否該公開揭發公司問題？

這取決於你對未來職場的考量。如果你想保護未來職業發展，可能可以選擇「靜悄悄離開」，但如果你希望幫助其他人避開陷阱，則可以透過**匿名經驗分享**來讓更多人知道這家公司的問題。

結論：如果公司環境惡劣，你應該優先保護自己！

在正常情況下，離職講究「優雅轉身」，但若遇到霸凌或 PUA 文化，首要保護自己。若情況允許，可嘗試與 HR 協商離職條件，但若無效，則無需勉強維持關係。

👉 應對策略：

- ✓ **蒐集證據**：保留對方不當行為的記錄（Email、聊天記錄、錄音等）
- ✓ **確保安全離開**：如果公司過去曾經有對離職員工報復的案例，避免不必要的資訊曝光
- ✓ **快速結束交接，不要被糾纏**：這類主管或公司可能會找各種理由拖延你的離職進度，建議盡快完成交接
- ✓ **不需要解釋太多**：簡單告知「個人職涯發展考量」，不要試圖改變對方的想法

這種情況下，你的首要目標是「確保自己的職場安全」，而不是維持關係或體面離開！

關鍵行動指南：

✓ 蒐集證據，確保自己有法律保障。
✓ 確保經濟安全。
✓ 不與主管正面衝突，減少不必要的風險。
✓ 確認 HR 的離職流程，避免薪資與賠償被惡意拖延。
✓ 如果涉及違法行為，可以考慮向相關單位檢舉或匿名揭露。

在這種情況下，你不需要考慮公司、同事或主管的感受，你只需要在乎自己！因為這不是你的錯，真正該負責的人是那些創造不良環境的人。

離職只是新的開始，如何在新工作中快速站穩腳步、建立影響力，才是長遠發展的關鍵。本章將幫助你**避免常見的適應期錯誤**，並**掌握在新環境中迅速發展的策略**，讓你的職涯 順利邁向下一個階段。

第五節 PM 面試演練

這一節會分享自己遇到的面試經驗，可能因為是資深 PM，我的角色在特別扁平的公司，會面到執行長或是公司老闆層級，每間公司的關卡也都不太一樣。我有經歷過中文面試、全英文面試，也有交錯的。以下分享幾個實用的發現。

面試流程與準備

通常 PM 職位的面試會有 **3** 關以上，視公司規模與需求而定：

1. **HR 關**（人力資源篩選）
   - 目的：了解背景、動機與文化契合度。
   - 內容：自我介紹、為何想加入公司、職業規劃。
   - 準備建議：用 STAR 法講述經驗，研究公司產品與價值觀。

2. **團隊主管關**（直屬主管）
   - 目的：評估專業能力與團隊合作潛力。
   - 內容：案例題（例如：「講一個產品上線經驗」）或情境題。
   - 準備建議：準備具體案例，展現邏輯與成果。

3. **部門主管關**（更高層管理者）
   - 目的：看視野與策略思考。

- **內容**：產品方向、市場競爭分析。
- **準備建議**：研究市場趨勢，提出高層次想法。

4. 部分情況會有前測作業（技術型 PM 或特定領域）
   - **目的**：測試實務能力。
   - **內容**：設計功能、撰寫規格書。
   - **準備建議**：提前了解產品有什麼改善點，熟悉設計思考框架（例如：產品定位的解析、用戶體驗設計、設計思考中的 Jobs-to-be-Done 等）。

90 秒定錨——如何展示你的「影響力」？

面試開始有結構的介紹自己很重要，在有些公司，面試官可能很忙，不一定有仔細看履歷內容。因此通常會給 1-3 分鐘的時間做自我介紹。此時，自我介紹中的定錨至關重要，這無形中也是引導面試官往你希望的方向提問，如果面試官從中聽到有趣的議題，就會往下深挖，時間上，建議至少有 90 秒，比較能說出一個好故事。

然而，在競爭激烈的就職市場，**光說自己「會處理需求、會溝通」是絕對不夠的**。面試官更想聽的，是：「你如何「**主導**」變局，而不只是**跟隨任務**。」

影響力故事模板（STAR ＋影響力元素）

至少準備 3-5 個能展現你個人影響力的故事。

元素	內容示例
Situation（情境）	當時的業務挑戰或問題背景
Task（任務）	你的責任是什麼？
Action（行動）	你做了哪些策略性行動？

元素	內容示例
Result（成果）	最終創造了什麼成果？
Decision Impact（決策影響）	這次行動如何改變了產品決策、策略或團隊合作？

> **範例　被困住的 PM**
>
> 「在上一個專案中，我接手負責一個新功能開發，初期發現需求不明確，且會影響客服負擔。我主動設計三種方案，並預測各方案的影響，向主管與跨部門提報。最終選擇 A 方案，不僅準時上線，還將客服查詢量降低 18%。這個專案也促使產品策略團隊在未來功能定義時，採用類似的前期風險預測機制。」
>
> ✓ 面試官聽完，會理解：
> ✓ 你不只是「完成」專案，而是「影響」決策。

面試的 3 大型態與應對方式

觀念交流型

☐ 特徵：問過去經驗或情境看法（例如：「你怎麼定位成功產品？」）。

☐ 面試官想看：
- 價值觀
- 思維深度
- 文化契合

☐ 應對方式：真誠回答，展現熱情與理解。

抽絲剝繭型

- 特徵：拿著履歷，一條一條詢問履歷上每一條經驗，請你分享細節及驗收成果方式。可能會問，「這個數據怎麼算的？」
- 面試官想看：
    - 履歷真實性
    - 思考框架合理性
    - 做事流程
    - 行動的一致性、匹配性
- 應對方式：有架構的回答，由大而小，展現對問題的理解、框架的掌握、細節的熟悉。

現場實作型

- 特徵：給題目現場用白板或是白紙解（例如：「設計叫車 app 新功能」）。
- 面試官想看：
    - 結構化思考。
    - 優先級判斷。
    - 對現況的判斷（市場與用戶需求）。
    - 資源整合（內部與外部資源）。
    - 溝通能力。
- 應對方式：
    - 問清楚需求。
    - 用框架（如 Business Model Canvas）回答。
    - 畫圖或寫重點。

回答範例（題目：設計叫車 app 新功能）

❏ 先進階提問：「我想先確認：目標用戶是誰？有什麼限制（假設：年輕上班族，競爭對手 Uber）。」

❏ Business Model Canvas 結構化回答：
  1. 目標客群：「年輕上班族，重視效率與價格，適合「拼車預約」功能。」
  2. 價值主張：「比 Uber 便宜 20%，預約後 5 分鐘內有車。」
  3. 通路：「app 內通知 + 社群媒體推廣，吸引年輕人分享。」
  4. 客戶關係：「拼車積分換免費搭乘，增加黏性。」
  5. 收入來源：「基本車費 + 小額預約費。」
  6. 關鍵資源：
     - 內部資源：
       — 演算法工程師：開發預約匹配演算法，確保效率。
       — 法遵面諮詢：確保拼車符合當地交通法規，預防通途處理問題（例如：超載或保險爭議）。
       — 現有司機與 app 平台。
     - 外部資源：
       — 與企業合作，提供員工拼車福利。
       — 第三方支付系統，簡化結帳流程。
  7. 關鍵活動：新戶活動、拼車加倍等積分活動。
  8. 關鍵合作：「企業客戶 + 當地交通監管單位。」
  9. 成本結構：「開發與行銷成本為主，法遵諮詢費用可控。」

❏ 結尾：「我會用「等待時間」、「用戶增長率」與「通勤者回流率」衡量成功。你覺得這個方向如何？」

- 亮點：
  - 對現況判斷：針對年輕人需求與競爭。
  - 資源整合：內部技術與法遵 + 外部合作。
  - 全面性：涵蓋商業模式各面向。

面試後回問問題

挑選 2-3 個問，避免過多。以下分面向建議：

團隊與文化

1.「產品團隊目前最大挑戰是什麼？」
2.「PM 如何與工程、設計團隊互動？」

職位期待

3.「這個角色成功的關鍵是什麼？」
4.「未來 6-12 個月的目標是什麼？」

產品與策略

5.「你怎麼看產品的市場定位？」
6.「接下來有什麼大方向計畫？」

個人成長

7.「PM 在這裡有什麼學習機會？」
8.「公司如何支持 PM 成長？」

個人化問題

9.「如果我加入，你覺得我過去什麼樣的經驗能怎麼幫團隊？」
10.「以我的背景，你認為我在這個角色中最需要補強什麼？」

技巧：根據面試內容調整，展現好奇心與主動性。

面試策略建議

- 數量：
    - 台灣／亞洲：一次約 5-10 家。
    - 國外（如美國）：投 50-100 家，面試 10-20 家。
- 排名與練手感：
    - 列出 A（夢幻）、B（中意）、C（備選）公司。
    - 從 C 開始，熟悉問題模式。
    - B 級調整策略，A 級全力衝刺。
- 常見問題：
    - 「講一個解決衝突的經驗。」
    - 「如何決定功能優先級？」
    - 「數據與用戶回饋衝突怎麼辦？」提前練熟，增加自信。

持續面試的價值

- 目的：
    - 了解市場競爭力。
    - 保持敏銳度，發現盲點。
    - 開放機會，提升職涯。
- 實踐：
    - 每 6-12 個月投 3-5 家，當作市場調研。
    - 記錄問題與回饋，持續優化。
- 其他資源：
    - **善用社群**：可以透過 Linkdin 搜尋你有興趣的公司的員工，發訊詢問有沒有聊聊機會，可以提前了解注意事項。
    - **適時為他人專業付費**：目前市面上蠻多 Mock Interview 服務，可以提前練習面試官可能會有的問題，提前準備。

先選擇，再努力

面試不只是企業在選擇我們，也是我們在選擇下一階段人生想要攜手一段的對象。

- **選擇方向：**
    - PM 類型：技術型、策略型、用戶導向型。
    - 公司類型：新創、大廠、特定產業。
    - 依照個人而定

- **努力方式**：針對目標精準準備，針對自己的終極目標選擇，較能事半功倍。

第六節 新工作選擇 —— 決策權評估量表

很多 PM 跳槽後才發現:

新公司錢給得不錯,但決策空間比以前還小,意味著發展空間也會受限。

所以在換工作前,可先用這張表檢查:

項目	目前公司評分 (1～5)	目標公司評分 (1～5)
專案/產品自主權		
參與決策的頻率		
提案被採納的比例		
與高層或策略團隊的接觸機會		
能創造可衡量的成果(影響力)		

✓ 加總分數,如果新公司顯著低於目前,薪資再高也要審慎考慮。

前面提到,面試可能會有濾鏡,也可能因為有情緒變成像是一場逃離,因此,在接受 offer 前,有幾點行動建議,可能有機會幫助你提早卸下濾鏡。

❑ 入職前行動建議

1. 查閱 Glassdoor、PTT、Dcard 或 LinkedIn，看看前員工的評價
2. 透過 LinkedIn 等平台，與公司內部員工聊聊，了解真正的文化
3. 記錄你預計在這間公司獲得、學到的東西，作為未來檢核

❑ 本節行動清單：

✓ 在決定接受 offer 前，透過內部員工或線上評價確認新公司的真實狀況
✓ 完成決策權評估量表

第七節

換新工作了，然後呢？
——把握 90 天黃金期

無論你是換到新公司，還是從內部晉升到更高職位，**前 90 天是決定你未來發展的關鍵時期**。在這段時間內，你的表現將影響：

- ✓ 主管與團隊對你的第一印象
- ✓ 你能否快速適應企業文化與工作節奏
- ✓ 你能否建立影響力，讓自己被視為「核心成員」
- ✓ 你未來的升遷與發展機會

如果在適應期內沒有掌握正確的策略，可能會導致以下問題：

- ✗ **進入「學習模式」太久，沒有產出價值**——主管可能覺得你「適應太慢」，影響長期發展。
- ✗ **過度急於表現，反而忽略團隊運作方式**——容易造成「不適應」的印象，甚至影響團隊合作。
- ✗ **沒有主動建立關係，導致影響力受限**——雖然能力不錯，但缺乏內部支持，導致職涯發展受阻。

本章將幫助你掌握**新環境適應的 4 個關鍵階段**，讓你在新職位上迅速發展、穩健成長。

從「新人」到「核心成員」，你的適應期策略是什麼？

每個新職位都有一個適應期，但並不是「時間到了，你就自動適應」。相反地，你需要主動規劃，確保自己能在最短時間內**建立信任、展現價值、融入文化**。

適應期的 4 個關鍵階段

階段	目標	具體行動
第 1 個月： 認識環境 了解眉角	• 理解運作流程與邏輯，主管有感「有用心，有做功課」 • 了解新公司的「影響力」地圖，理解組織目標、關鍵決策者是誰、如何決策	• 熟悉公司文化、決策機制、關鍵人物 • 如果環境且時間允許，多參與旁聽會議 • 仔細閱讀現有文件
第 2-3 個月： 無傷大雅的小勝利策略	• 找到自己的定位，開始產出價值 ＊切記不了解情況就指手畫腳，多傾聽，多了解過往歷史脈絡，沒有人是笨蛋，有可能有些方法他們早已知道，但現在沒這麼做，有其特殊考量。	• 了解職責範圍，主動尋找低風險的貢獻點 • 發現一個部門痛點，提出改善方案，建立橫向影響力
第 3-5 個月： 展現影響力	• 持續對齊期望，展現價值 • 讓團隊信任你的能力，逐步負責更重要的專案	• 與主管確認「未來 6 個月的成長目標」 • 設定成果對齊組織指標 • 主動參與決策，累積小型成功案例
第 6 個月後： 鞏固與放大影響力	• 進入穩定成長，為未來晉升鋪路	• 提升內部影響力，建立長期職涯規劃

行動指南：進入新環境，該如何快速適應？

☐ **第 1 個月：了解組織文化與運作方式**
- 觀察公司的決策模式：是屬於**數據驅動**，還是**層級制決策**？
- 與同事建立關係，了解團隊的「潛規則」與運作節奏。
- 找到「關鍵人物」，包括你的主管、影響決策的高層、跨部門合作對象。

☐ **第 2~3 個月：開始產出價值**
- 尋找「低風險、高影響力」的貢獻點，例如改善現有流程、優化小功能、主動解決小問題。
- 透過「詢問建議」來建立影響力，例如：「你覺得這個方法是否合適？」讓資深同事參與決策，提高接受度。

☐ **第 3-5 個月：開始擔當重要角色**
- 不要只是執行，要開始主動參與決策。
- 找機會負責一個小型但有影響力的**專案**，建立信任。
- 讓主管看到你的貢獻，確保你的努力有被注意到。

☐ **第 6 個月後：鞏固影響力，進入穩定成長期**
- 積極參與跨部門合作，提升自己的知名度與影響力。
- 與主管討論你的中長期發展，確保未來有明確的成長機會。
- 開始為**未來晉升**做準備，例如累積可量化的績效成果。

如何與新團隊建立信任，避免職場「水土不服」？

即使你有豐富的經驗，進入新公司後，仍然需要重新建立信任。如果你在前 90 天內沒能與團隊建立良好關係，未來的發展將變得更加困難。

影響適應期的 3 大關鍵因素：

❶ **團隊文化匹配度**——你是否能適應公司的做事風格？

❷ 主管的管理風格——你的主管是「放手型」還是「細節管理型」？
❸ 你的影響力是否可見——你是否讓團隊「看到」你的價值？

✼ 如何快速建立信任？

- 不要急著「改變一切」，先學會傾聽與觀察。
- 建立「小成功」，再逐步擴大影響力。 例如，先解決一個團隊內的小問題，讓大家感受到你的價值。
- 適應主管的管理風格，調整自己的溝通方式。 例如，大辣辣的主管可能希望你直來直往，細節導向的主管 則可能需要更有邏輯的回報方式。

如何在新環境中快速建立影響力，成為關鍵人物？

如果你只是「做好自己的事」，但沒有讓主管與團隊「看到」你的價值，那麼你的職涯成長速度會比別人慢。

如何讓自己成為「關鍵人物」？

❶ 讓自己的價值「可見」，確保努力不被忽視
- **定期回報進度**，確保主管知道你在做什麼。
- 在會議中主動發言，讓團隊對你的專業度有信心。
- 參與跨部門合作，提高你的能見度。

❷ 找出「有影響力的專案」，讓自己成為團隊關鍵成員
- 尋找「高影響力」的項目，例如影響業務成長、降低成本、提升用戶體驗的工作。
- **確保你的貢獻可以被量化**，例如：「透過優化流程，讓產品開發時間縮短 20%。」

❸ 建立內部人脈，確保未來的發展機會
- 找一位「內部導師」（Mentor），幫助你理解公司的文化與潛規則。

- 主動認識不同部門的人，提高你的跨部門影響力。
- 參與團隊內的非正式活動，例如午餐交流、內部分享會，讓大家對你更熟悉。

結論：如何確保新工作能順利發展，為未來職涯鋪路？

職涯的成長，並不是「找到好工作」就能順利發展，而是取決於**你如何在新環境中快速適應、建立信任、提升影響力**。

關鍵行動指南回顧

- ✓ 前 90 天策略——先理解環境，再確立角色，最後展現影響力。
- ✓ 快速建立信任——傾聽團隊需求，先累積小成功，再擴大影響力。
- ✓ 成為關鍵人物——讓你的貢獻「可見」，參與影響力高的專案。

透過這些策略，你將不僅能夠順利適應新環境，還能夠在新職位上快速發展，為未來的職涯鋪下更堅實的基礎。

終章

職涯，不只是選擇工作，而是選擇一種生活方式

> # PM 不是終點，而是一種思維方式

你是否曾有這樣的時刻？

- 深夜加班時，忽然問自己：「這樣的生活是我想要的嗎？」
- 收到更高薪的 offer，但內心卻猶豫：「這真的是我要的嗎？」
- 看著職場上的前輩，思考：「我想要成為這樣的人嗎？」

這些問題的本質，不是選擇哪家公司、談到多少薪水，而是「我的目標是什麼？我想過什麼樣的生活？」

目標才是真的，其他都是手段。

你的職涯，不是單純的升遷、加薪，而是你希望如何定位自己的人生。也別忘了，你現在的職稱是「PM」，但這並不代表你的未來只能是 PM。

- 你可以選擇**進入管理層**，開始帶領小團隊
- 也可以選擇保持獨立貢獻者角色，成為**行業專家**，繼續深耕某個領域，成為業界知名專家
- 你可以選擇**創業或成為獨立顧問**，用你的產品能力打造自己的事業
- 你還可以選擇**跨領域發展**，轉向更偏向行銷、增長、策略、運營或是投資公司

我們真正要思考的，不只是「下一份工作想要什麼」，而是「你想成為怎樣的人」。

你想成為什麼樣的人？你想過什麼樣的生活？這才是最根本，最值得思考的議題。

如果這個問題還沒有答案，那麼有可能無論是換工作、談薪資，甚至升遷，都只是短期的選擇，而不是長期的方向。

本章將與你一起：

- 從「如何選擇工作」，提升到「如何選擇人生」
- 確保你的每一個職涯決策，都是幫助你走向理想人生的關鍵拼圖

第一節 你想成為什麼樣的人？有甚麼樣的生活方式？

在職場上，我們太常問「這家公司好不好？」「這份工作薪資夠不夠？」但很少問自己：

「這份工作，是否讓我更接近理想中的自己？」

你的職涯，不只是選擇工作，而是選擇一種價值觀。你的信念與核心價值觀，會影響你在一個環境快不快樂。例如：

- **如果你重視成就感**——你可能會優先選擇有挑戰的專案，而不是穩定的職位。
- **如果你重視穩定**——你可能會選擇財務穩健的企業，而不是高風險的新創公司。
- **如果你重視學習與成長**——你可能會選擇挑戰性高的角色，而不是純粹執行型的工作。
- **如果你重視自由與彈性**——你可能會選擇遠端工作、創業，或是擁有更多自主權的角色。

如果沒有先釐清自己的核心價值觀，就很容易被眼前的選擇困住：「這家公司薪水比較高，我要不要去？」「這裡的老闆很有名，我是不是應該留下來？」

但真正重要的問題是：這份工作，是否符合你最在乎的價值觀以及你想成為的樣子？

行動指南：釐清你的人生之路

❓ 你想要什麼樣的生活方式？是甚麼促發你想要這樣的生活方式？

_____

_____

_____

_____

_____

_____

_____

❓ 為了達到這樣的生活方式，你還需要學習怎麼樣的技能？
專業技能、財務管理等都算。

_____

_____

_____

_____

_____

_____

_____

聰明的你，可能會發現，一開始的章節已經有問類似的問題。 經過這一系列的洗禮，你的答案，有可能跟原本想的不太一樣。

- 如果答案有所不同很好，代表你更加認識自己。
- 如果答案一樣也很好，代表你對於現階段的自己所想要的十分清楚。

第二節 超人會飛，也需要停一停歇，豐富支援系統，才有力氣飛得更久更遠

> 超人會飛，也需要停一停歇。

熟悉嗎？這節取自小時候的偶像周杰倫歌曲中歌詞的概念。即使超人能飛得再帥，也得停下來喘口氣，對嗎？更何況，我們是凡人啊！

生活中，工作中，不免有些時刻，會讓我們心裡特別累。我以前覺得靠自己就夠了，但後來發現，真的不行。要把支援系統弄得豐富一點，才能多點力氣，走得更遠、飛得更高。

聊聊內耗，這是什麼？為什麼有些人特別容易內耗？

內耗說白了，就是自己跟自己在心裡打架，耗來耗去把自己搞得很累。可能是因為常懷疑自己、內心有衝突，或是對自己期待太高或有另一種

訴求，但現實不太配合。這種感覺像一場沒人看見的小戰爭，累得要命，又不好意思跟別人說。

為什麼會內耗？我覺得通常會內耗的人，很有可能是比較具有高敏感人的特質，特別容易反思自己，還可能有一些些完美主義。

有時會回想一天發生的事情，什麼都想做到最好，做不到就自責，陷入迴圈。也有些人可能是來自沒自信，對周遭特別在意，別人隨口一句話，可能想半天，壓力就來了，想到最後，也可能把別人的原意想偏了。習慣想東想西，但沒找到出口，就容易把自己繞進去。

這些特質其實沒什麼不好，只是得學著跟它們相處，將劣勢轉為優勢。

為什麼要有支援系統？怎麼弄出來？

我以前覺得靠自己就夠，心裡想「別人哪懂我在煩什麼」，但後來才知道，這樣真的不行，最重要的是，如果支持系統只有一條線，當那條線斷了或垮了，我們的自我認同也可能就碎了。但如果我們有多管道且多元的支持系統，即便其中一處坍方，都不會因此影響我們的自我價值認同，我認為這是在人生道路上，要走得健康、走得遠，非常重要的關鍵點之一。往外多認識人，才發現有人陪著聊聊天，能喘口氣，能遇到更多想法相近的人，這些支援系統就像充電站，不用什麼都自己扛，能看到世界還有其他可能性，就不會那麼孤單，也有了探索的勇氣與力量。

那要怎麼建立一個屬於自己的支援系統呢？

1. 一開始，可以先找幾個信得過的人，像是家人、朋友，或聊得來的伙伴，他們不用給答案，能聽你講就很好。
2. 也可以跟自己對話，我試過寫日記、靜下來想一想，內心亂的時候特別有用。
3. 或者，去找有共同興趣的社群，感覺有歸屬，也能從別人身上學到東西。

最後，別要求太完美，支援系統不用什麼都解決，能幫到一點點，能讓自己在某一瞬間，鬆動了某些念頭，或感受到還有一點希望或可能，這就夠了。

支援系統不能缺少：持續學習的心態與行動

有了支援系統當後盾可能還不夠，如果單純是支援沒有任何學習，那可能只是另一個誇誇群。這沒有不好，但不見得能幫助我們突破現況。

我自己有個觀念是，「一個人或許可以不讀書獲取學位，但絕對不能停止學習」我以前覺得學習就是拿知識，但後來發現，它還能讓你更有自信，少點因為不懂或沒把握而來的內耗。這不也是一種支援呢？

怎麼學？怎麼學得更快？

我自己觀察，學習這件事也是有層次的，「如何有效學習」也是需要學習的，坊間有非常多書籍或是專家分享可以參考。

綜合個人經驗，特別想提的一種框架是，像是金字塔的「學習三層次」：

1. **基礎底層**：透過肌肉記憶學習
   - **特點**：靠一直練，像騎腳踏車、背單字。
   - **優勢**：擅長處理簡單或是重複的事。
   - **劣勢**：速度慢，只能自己撞到才知道怎麼回事。
2. **中層**：從書本或是學術理論中學習
   - **特點**：有條理，像上課、看書，能懂概念，但不一定真的會用。
   - **優勢**：有組織，有結構，記憶立即聯想力好的，還能引經據典。
   - **劣勢**：不一定真的知道怎麼做，實際上不一定能變通。
3. **頂層**：邊做邊學，同時也邊往外或找一個範本學習

- **特點**：做中學，像做科學實驗一樣，邊試邊改，成長很快。
- **優勢**：可能是成長速率最快的方式。
- **劣勢**：如果沒有深度反思，也可能變成表層學習，但實際上沒有內化。

這三層都得有，就像蓋房子，缺哪一塊都不行。

- 少了底層，變成空想。
- 少了中層，可能會缺少脈絡或是少了系統，難以解決系統性問題。
- 少了頂層，也可能一直在同一個方式繞圈。

提到學習，就不得不提，地圖不是永遠不變的，我們也是。

今天覺得對的，明天可能就不一樣。但這不是壞事，反而是機會，當世界唯一不變的就是變，當我們能成為保持彈性的、不被框住的人，或許也能讓自己多了不同機會。

最後想聊聊一個，可能很抽象，很少被深度討論，但非常重要的。我遇過很多有潛力的專業工作者，卻可能因為缺少下列其中一項，就比較可惜的困住了。

我想談談「認知」、「知識」和「視野」對一個人的影響，以及為什麼這些同樣重要。事實是，我也花了一點時間，才搞懂它們的差別以及對我們的影響。

同樣以「一花一世界」這個詞舉例好了，同樣看到花，

- **認知**：像是你怎麼看世界，像戴著一副眼鏡。看到一朵花，有認知的人可能說「這花很漂亮」、「不好養」，或是「適合送人當禮物」。
- **知識**：是具體的東西，像工具箱。有知識的人會說「這是什麼品種的花，它可能是一個什麼樣的玫瑰，這個品種的花的特性是什麼，要如何種植才能盛開更美或是保存更長時間」等。
- **視野**：是把前面兩個加起來，看得更高更遠。有視野的人會說「這花不只是花，它如何跟生態系統合作，在自然界又扮演什麼角色等」。

這三個是連在一起的，缺一塊都不完整。我自己的經驗是：

- **有不同的視野，幫我們想得更廣**，知道還有什麼不同角度可以試，往哪邊學也能更清楚，還能讓認知變豐富。
- **有多元的知識，幫我們想得更深**，讓認知不只是感覺，還能有內容撐著，視野也更有層次、更有內涵。
- **有健康的認知，讓我們能持續成長**，像我發現，當我有「我知道自己可以更好，也需要一直學」的想法時，就更願意打開心胸，接受不同觀點，真心去學。這樣不只能抓住事情的重點，還能幫知識跟視野搭好基礎。

最後想說，不論是我們的個性，還是對一件事的觀點，都可能不是亙古不變的。我以前常以為事情就這樣了，我已經夠了解自己了，但後來發現，多接觸新東西、挑戰舊想法，眼界真的會不一樣。當事業唯一不變的就是「會改變」，那富有彈性的我們，也就多了不一樣的競爭力。

知識讓人看得更清楚，視野讓人看得更遠，這些都能有效擴展自我認知，而一直學下去，也是讓這一切能持續動起來的關鍵。就像一朵花，從覺得它漂亮，到知道怎麼養，再到看出它背後的故事、生態與生命力——我自己走過這段路，才知道這一切有多重要。我們的內心，也能因為這樣變得更開闊、更有力。

❓ 你為自己打造了哪些支援系統？平常都怎麼放鬆自己的呢？

第三節

善用 AI 及工具,提升個人與團隊的工作效率

> 嘗試新工具,不是因為焦慮,怕自己跟不上。而是想知道,有什麼更好的方式,可以提升工作效率。

相信讀者或多或少也知道了,現在市面上很多 AI 工具,可以提高工作效率,我自己在工作上也會經常使用。作者本身不是專門教 AI 工具應用的,但確實有透過這些提升工作流程與品質,因此分享給大家。

常用 AI 工具及使用情境

還記得，在幾年前，人們開始討論 AI 是不是要泡沫化了、無法落地等，直到 2022 年 ChatGPT 推出，首創一般大眾也能應用的 AI 服務，也是我心中認為的「奇點」(重要時代轉折)之一。至少，他深深改變了我的生活與工作模式。

然而，由於各模型本身打造的出發點不同，他們擅長的也不同，這好比在現實生活中，要求水生的魚要爬好樹、或者要求青蛙在要空中高速飛翔，卻又責怪他們表現不好，那是不現實的期待。

因此，在使用工具前，要先知道它適合拿來解決什麼問題，是必要的。今天會談到且比較知名的工具如下。以下擷取公開資料說明：

❑ **ChatGPT**

ChatGPT 由 OpenAI 於 2022 年推出，基於 GPT-4o 模型，提供流暢的多功能對話，廣泛應用於寫作、程式設計、教育與客服，支援多語言、圖像生成與資料分析，是通用任務與專業應用的理想選擇。

❑ **Perplexity**

Perplexity 於 2022 年由 Perplexity AI 推出，融合 AI 與搜尋引擎技術，整合 GPT-4o、Claude 3.5 等模型，提供快速、來源可靠的資訊，特別適合研究、事實查核與專業查詢。

❑ **Grok**

Grok 由 xAI (伊隆・馬斯克創辦) 於 2023 年推出，透過專有模型與 X 平台數據，支援創意對話與即時資訊分析，配備 Think Mode 與 DeepSearch 功能，深受內容創作者與趨勢追蹤者喜愛。

❑ **Claude**

Claude 於 2023 年由 Anthropic 推出，基於 Claude 3.5 Sonnet 模型，強調安全與倫理，擅長邏輯推理與人性化對話，支援長上下文處理與程式設計、創意寫作，適合技術與敏感場景。

❑ **NotebookLM**

Google 於 2023 年推出 NotebookLM，專為文件處理與研究打造，基於專有模型提供精準總結與問答，支援文件上傳與音訊筆記生成，是學術研究與資料整理的強大工具。

此外，也因為上述，經常在使用的 AI 工具的人應該也有發現，不只是「功能強項」的差異，「語感」也有所不同，所謂語感是語言的整體風格和直覺特質，涵蓋詞彙選擇、句法結構、節奏和語言的「質地」，決定文字讀起來像什麼，會讓你感到他像是一個「什麼樣的個性」（例如輕鬆、專業、詩意）。就像，同樣是寫作，我自己也會依據不同情境需求，而選擇要使用哪一個機器人，本章會提供幾個具體案例。

以下個人使用感受的比較，以常用順序排序：

Model	語感／角色譬喻	適合場景	幻覺	使用頻率
Grok	輕鬆、幽默、直接，有時候會像是馬斯克 Po 貼文或是朋友聊天的隨意感	• 因為回答流暢、好讀，因此特別適合輕鬆對話、創意腦力激盪、即時資訊查詢（X 平台趨勢）。 • 有新的靈感想聊聊，或是想製作 PRD，會找優先找 Grok。	中	高，每天用有付費

Model	語感／角色譬喻	適合場景	幻覺	使用頻率
ChatGPT	流暢、專業，像是博學多聞且三觀正的智者，有時比較囉唆	• 適合用來製作報告、查知識、讀取圖片或 PDF、畫圖首選。 • 學習新知識。基本上各種表現都是水平以上。 • 如果有一些比較哲學的深度討論，會選擇 GPT。	中低	高，每天用有付費
Claude	冷靜、會分析、有邏輯，像是基本上不廢話的數學家或是工程師	• 適合做數據分析、想先有個 POC，要寫前端的話會優先找 Claude。 • 數據型規劃專案或演算法型 PRD	中低	中高，有分析需求就會用
Perplexity	簡潔、較單點與片段，有點像是無情的打工人，就是來回應問題的	• 適合快速資訊檢索、事實查核、研究。 • 主要是針對問題回答，優點是會附來源連結，但較缺乏對話流暢度，要自己拼湊全局。	低	低
NotebookLM	實用，偏學術，像是一個擅長寫論文的機器人	• 適合學術研究、文件整理、資料總結。精確但無對話或創意，會依賴上傳內容。 • 想知道自己的文章可能會被怎麼解讀時，會使用他的 Podcast 功能，會有 2 位 AI 主持人介紹，很好玩。	極低，幾乎沒有	極低

使用秘訣

1. 最好用的方式是提供 5W1H
   - Why：為什麼要做這個？是為了解決什麼問題（描述問題情境）？
   - Who：是怎麼樣的用戶群在使用？
   - When/Where：目標用戶群，在什麼時候、什麼場景會使用？
   - What：有什麼解法？
   - How：預計如何解決？有哪些方案？
2. 對 AI 的回覆，不要照單全收，還是要有一些判斷（因為可能有幻覺）
3. 必要時可以將同一個問題問不同 AI，或讓他們分析不同 AI 的回覆，直到你獲得最符合滿意的回覆
4. 如果發現 AI 答非所問，回頭檢視提供的「動機」與「情境」是否足夠明確，AI 知道為什麼，可能會提供更好的方式（有沒有發現，這點和與真人工程師、設計師相同！），必要時，也可以開新對話，重頭開始！

案例 (1)：撰寫產品規格文件 PRD（Grok）

先從簡單的開始，以要在現有系統導入 Google 註冊 / 登入功能為例。過往，可能自己要花 3-4 個小時寫比較細緻的 PRD，現在，大約 20 分鐘就可以有個初版。

第一個問題

我想在現有 email 帳號密碼註冊的 app 導入給所有用戶使用的 Google 註冊登入，幫我規劃一版產品 PRD，以及注意事項。

263

拆解：

我想在現有 email 帳號密碼註冊的 app 導入給所有用戶使用的 Google 註冊登入

平台　　　　　　　目標族群　　　　預期要實現的功能
(where)　　　　　　(who)　　　　　　(how)

幫我規劃一版產品 PRD，以及注意事項

預期產出
(你想看到什麼？)
(需求方 -what)

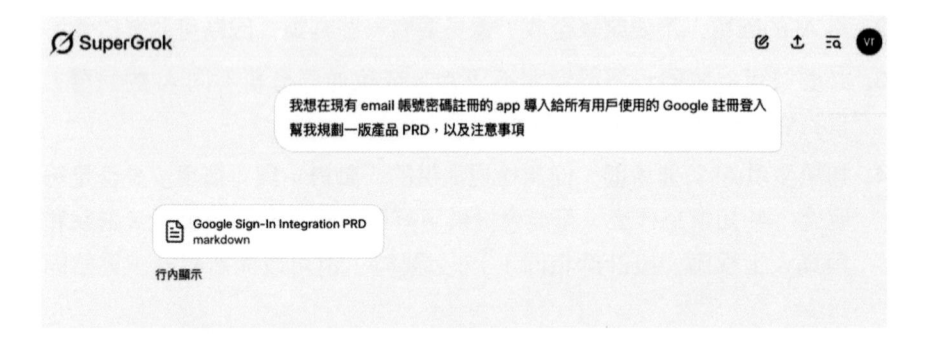

SuperGrok

我想在現有 email 帳號密碼註冊的 app 導入給所有用戶使用的 Google 註冊登入
幫我規劃一版產品 PRD，以及注意事項

📄 Google Sign-In Integration PRD
markdown

行內顯示

＊此時 AI 已經有提供我一個完整的架構，包括：

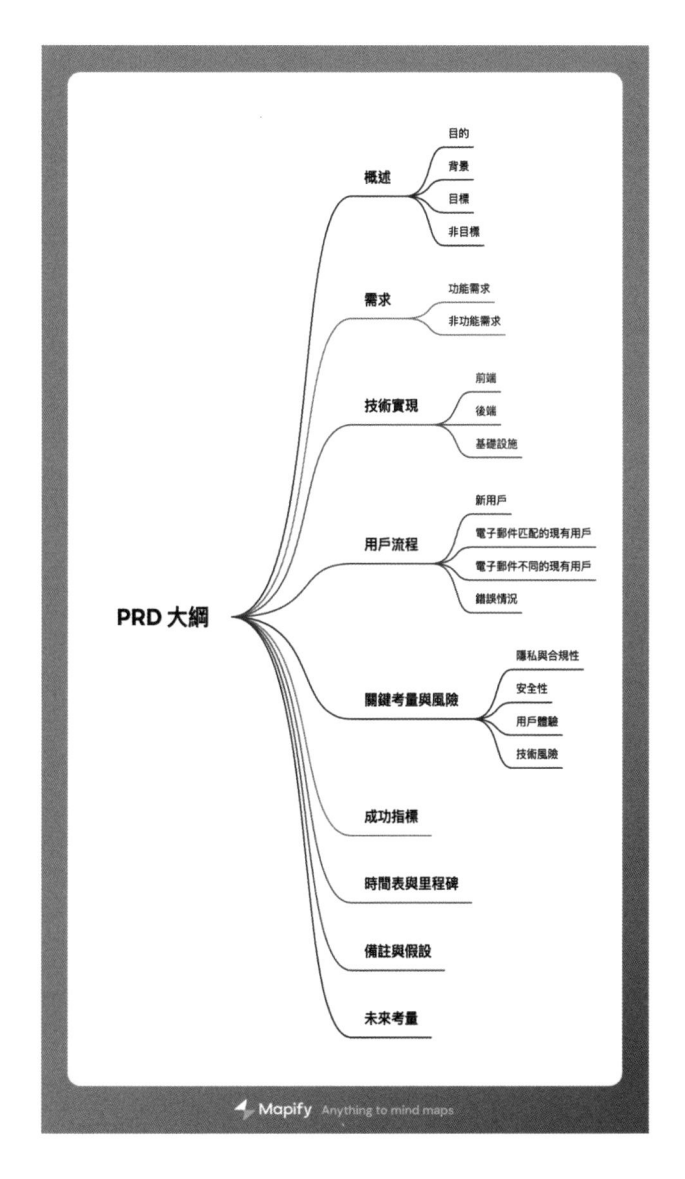

```
                           ┌─ 目的
               概述 ────────┼─ 背景
                           ├─ 目標
                           └─ 非目標

                           ┌─ 功能需求
               需求 ────────┤
                           └─ 非功能需求

                           ┌─ 前端
               技術實現 ─────┼─ 後端
                           └─ 基礎設施

                           ┌─ 新用戶
               用戶流程 ─────┼─ 電子郵件匹配的現有用戶
  PRD 大綱 ────┤             ├─ 電子郵件不同的現有用戶
                           └─ 錯誤情況

                           ┌─ 隱私與合規性
               關鍵考量與風險 ┼─ 安全性
                           ├─ 用戶體驗
                           └─ 技術風險

               成功指標

               時間表與里程碑

               備註與假設

               未來考量

                    ⚡ Mapify  Anything to mind maps
```

我注意到，架構沒太大問題，但少了一些關鍵要素，例如，我知道如果要新增第三方登入，依據蘋果商店審核規範，平台一定也要提供 Apple ID 登入才能上線，但是在 AI 給的第一版 PRD 沒有列出，因此往下協作。

第二個問題

如果要上線，有什麼風險要注意，或什麼條件一定要滿足，才能分別在 iOS/Android 上線？

＊此時 AI 的第 1.2 有提到相關提醒，因此我接著請 AI 更新 PRD。

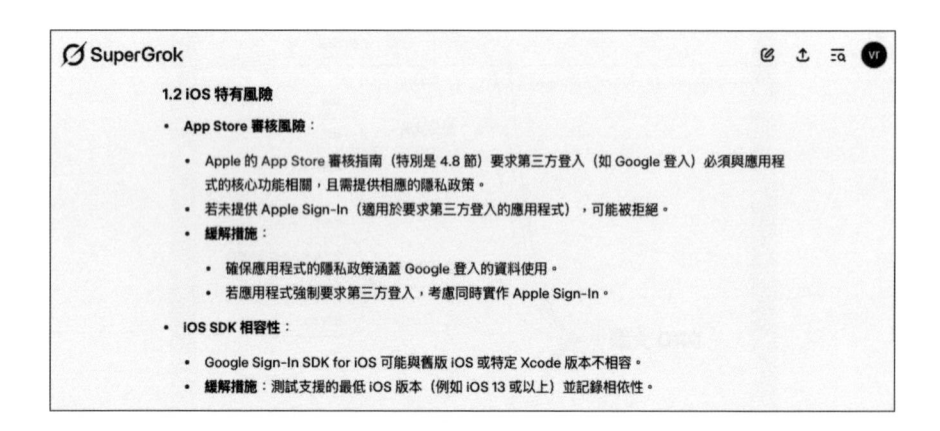

> **SuperGrok**
>
> **1.2 iOS 特有風險**
> - **App Store 審核風險**：
>   - Apple 的 App Store 審核指南（特別是 4.8 節）要求第三方登入（如 Google 登入）必須與應用程式的核心功能相關，且需提供相應的隱私政策。
>   - 若未提供 Apple Sign-In（適用於要求第三方登入的應用程式），可能被拒絕。
>   - 緩解措施：
>   - 確保應用程式的隱私政策涵蓋 Google 登入的資料使用。
>   - 若應用程式強制要求第三方登入，考慮同時實作 Apple Sign-In。
> - **iOS SDK 相容性**：
>   - Google Sign-In SDK for iOS 可能與舊版 iOS 或特定 Xcode 版本不相容。
>   - 緩解措施：測試支援的最低 iOS 版本（例如 iOS 13 或以上）並記錄相依性。

第三個問題

請幫我更新 PRD，以產品經理角度出發。

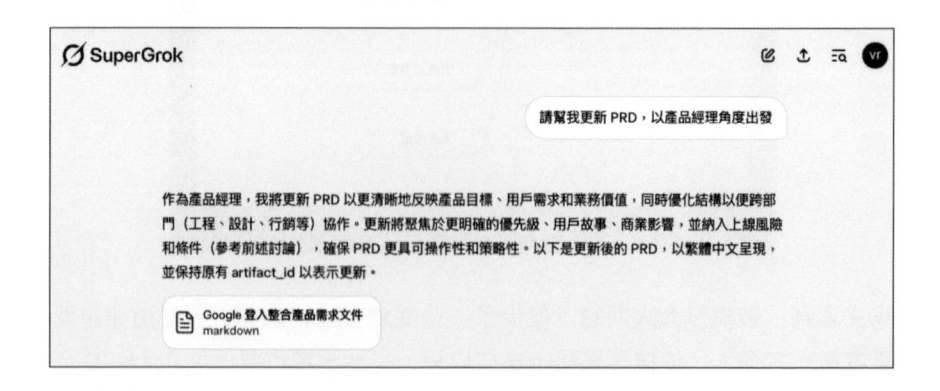

> **SuperGrok**
>
> 請幫我更新 PRD，以產品經理角度出發
>
> 作為產品經理，我將更新 PRD 以更清晰地反映產品目標、用戶需求和業務價值，同時優化結構以便跨部門（工程、設計、行銷等）協作。更新將聚焦於更明確的優先級、用戶故事、商業影響，並納入上線風險和條件（參考前述討論），確保 PRD 更具可操作性和策略性。以下是更新後的 PRD，以繁體中文呈現，並保持原有 artifact_id 以表示更新。
>
> 📄 Google 登入整合產品需求文件
> markdown

＊此時 AI 有更新 PRD，但對於要結合 Apple 登入的說明仍然不完全，因此我再次提醒目標要能夠上線，因此勢必要導入 Apple ID。

第四個問題

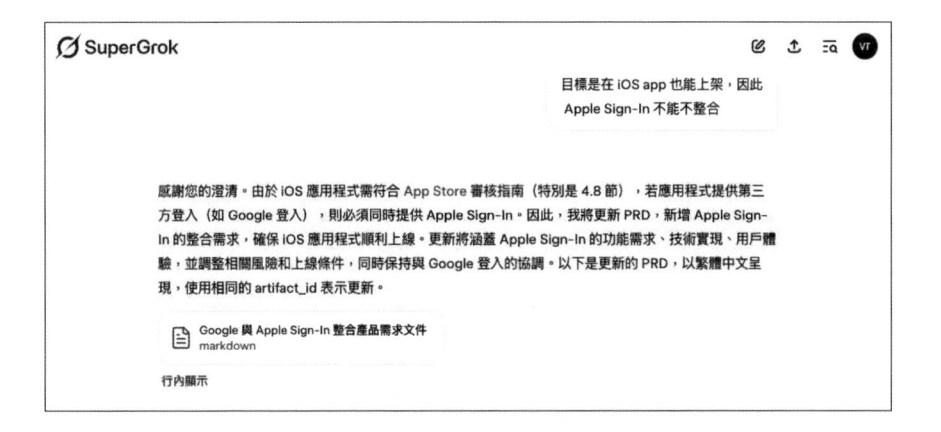

> **SuperGrok**
>
> 目標是在 iOS app 也能上架,因此 Apple Sign-In 不能不整合
>
> 感謝您的澄清。由於 iOS 應用程式需符合 App Store 審核指南(特別是 4.8 節),若應用程式提供第三方登入(如 Google 登入),則必須同時提供 Apple Sign-In。因此,我將更新 PRD,新增 Apple Sign-In 的整合需求,確保 iOS 應用程式順利上線。更新將涵蓋 Apple Sign-In 的功能需求、技術實現、用戶體驗,並調整相關風險和上線條件,同時保持與 Google 登入的協調。以下是更新的 PRD,以繁體中文呈現,使用相同的 artifact_id 表示更新。
>
> 📄 Google 與 Apple Sign-In 整合產品需求文件
> markdown
>
> 行內顯示

AI 完整回覆

產品需求文件(PRD):現有應用程式整合 Google 與 Apple Sign-In

1. 概述

1.1 目的

在現有以電子郵件和密碼註冊的行動/網頁應用程式中,新增 Google 登入和 Apple Sign-In 作為額外的身分驗證方式,讓新舊用戶能透過 Google 或 Apple 帳號快速、安全地登入,提升用戶體驗、降低註冊門檻,並確保與現有帳號系統無縫相容,同時符合 iOS App Store 審核要求。

1.2 背景

現有應用程式僅支援電子郵件和密碼驗證,導致部分用戶因註冊流程繁瑣而放棄。市場數據顯示,第三方登入可提升註冊轉換率 15-20%,並減少密碼管理的負擔。為滿足 iOS App Store 指南(4.8 節),在整合 Google 登入的同時,必須提供 Apple Sign-In,以確保 iOS 應用程式上線並提升跨平台用戶體驗。

1.3 商業目標

- **用戶增長**：3 個月內新用戶註冊量增加 15%，其中 20% 採用 Google 或 Apple Sign-In。
- **用戶體驗**：降低登入放棄率 10%，縮短平均登入時間至 3 秒以內。
- **安全性與合規**：確保 100% 符合 GDPR、CCPA、Google API 條款及 Apple 隱私要求。
- **運營效率**：最小化開發和維護成本，目標開發週期 7-8 週。

1.4 非目標

- 完全取代電子郵件 / 密碼驗證。
- 在本階段整合其他第三方登入（例如 Facebook）。
- 大幅修改現有後端資料結構或身分驗證流程。

1.5 關鍵風險

- **用戶混淆**：現有用戶可能因 Google 或 Apple 登入與電子郵件帳號不匹配而創建重複帳號。
- **平台審核**：iOS 需確保 Apple Sign-In 符合 Apple 指南，Android 需完成資料安全表單。
- **技術限制**：Google 和 Apple API 配額或 SDK 相容性問題可能影響穩定性。
- **隱私合規**：未明確取得用戶同意可能違反 GDPR、CCPA 或 Apple 隱私要求。

2. 用戶故事與需求

2.1 用戶故事

- **作為新用戶**，我想透過 Google 或 Apple 帳號快速註冊和登入，以便立即使用應用程式功能，而無需填寫表單或記憶密碼。
- **作為現有用戶**，我想將我的 Google 或 Apple 帳號連結至現有帳號，以便未來使用更便捷的登入方式，且不丟失歷史資料。

- **作為隱私意識高的用戶**，我想清楚了解 Google 和 Apple Sign-In 存取的資料，並能隨時取消連結以保護隱私。
- **作為跨平台用戶**，我希望在 iOS、Android 和網頁上獲得一致的 Google 和 Apple Sign-In 體驗。

2.2 功能需求

2.2.1 用戶身分驗證

- Google 登入選項：
  - 在登入和註冊頁面顯示「使用 Google 登入」按鈕，符合 Google 品牌指南。
  - 支援 Google SSO，確保跨裝置 / 會話的連續登入體驗。
- Apple Sign-In 選項（iOS 專屬）：
  - 在 iOS 應用程式的登入和註冊頁面顯示「使用 Apple 登入」按鈕，符合 Apple 設計指南。
  - 支援 Apple 的「隱藏我的電子郵件」功能，允許用戶使用臨時電子郵件地址。
  - 支援 Apple ID 驗證，確保跨裝置同步。
- 帳號連結：
  - 現有用戶可將 Google 或 Apple 帳號連結至電子郵件 / 密碼帳號。
  - 若 Google 或 Apple 電子郵件與現有帳號匹配，顯示提示（如「此電子郵件已註冊，是否連結 Google/Apple 帳號？」）。
  - 若無匹配，自動創建新帳號，使用 Google（電子郵件、姓名、可選頭像）或 Apple（電子郵件、姓名）資料。
- 錯誤處理：
  - 提供友好的錯誤訊息（例如網路失敗、Google/Apple 帳號限制）。
  - 若 Google 或 Apple 登入失敗，自動切換至電子郵件 / 密碼選項。

2.2.2 用戶體驗

- 登入 / 註冊流程：
  - 新用戶優先看到 Google 和 Apple 登入選項（iOS 上 Apple Sign-In 更突出）。

- 提供清晰的帳號連結引導，減少重複帳號風險。
- 跨平台一致性：
  - 確保 iOS（Google + Apple）、Android（Google）和網頁（Google）的按鈕樣式、流程和錯誤訊息一致。
- 隱私保護：
  - 明確告知用戶 Google 和 Apple 存取的資料（例如電子郵件、姓名）。
  - 支援 Apple 的「隱藏我的電子郵件」功能，尊重用戶隱私選擇。
- 本地化：
  - 支援應用程式現有語言（例如繁體中文、英文），確保提示和錯誤訊息本地化。

2.2.3 後端整合

- 驗證流程：
  - Google：後端驗證 Google ID 令牌，發放應用程式專屬會話令牌。
  - Apple：後端驗證 Apple ID 令牌（JWT），使用 Apple 公開金鑰進行驗證。
- 資料儲存：
  - 在用戶表新增欄位：google_id（字串）、apple_id（字串）、linked_google_email（字串）、linked_apple_email（字串）。
  - 僅在用戶同意下儲存 Google（姓名、頭像）或 Apple（姓名）資料。
- API 端點：
- POST /auth/google：驗證 Google 令牌並返回會話令牌。
- POST /auth/apple：驗證 Apple 令牌並返回會話令牌。
- POST /auth/link：連結 Google 或 Apple 帳號至現有帳號。
- GET /auth/status：檢查 Google 或 Apple 帳號連結狀態。

2.3 非功能需求

- 效能：Google 和 Apple 登入的平均響應時間不超過 3 秒，較電子郵件/密碼增加不超過 1 秒。

- 可擴展性：支援 100 萬同時用戶，無效能下降。
- 安全性：
  - 所有 API 使用 HTTPS，敏感資料加密儲存。
  - 實作速率限制，防止暴力攻擊。
- 合規性：
  - 遵守 GDPR（資料刪除權）、CCPA（資料透明度）、Google API 條款及 Apple 隱私要求。
  - 在 Google 和 Apple 登入前取得明確用戶同意。
- 可訪問性：確保 Google 和 Apple 登入按鈕符合 WCAG2.1 標準（例如對比度、螢幕閱讀器支援）。

3. 技術實現

3.1 前端

- 程式庫：
  - iOS：Google Sign-In SDK for iOS + Sign in with Apple（最低支援 iOS13）。
  - Android：Google Sign-In for Android（最低支援 Android 9）。
  - 網頁：Google Identity Services JavaScript 程式庫（Apple Sign-In 僅限 iOS）。
- UI 設計：
  - Google：使用 Google 品牌按鈕，搭配應用程式設計語言。
  - Apple：使用 Apple 品牌按鈕，支援淺色 / 深色模式。
  - 實作帳號連結提示的彈出視窗，包含「確認」和「取消」選項。
- 流程：
  - Google：用戶點擊「使用 Google 登入」，重定向至 Google 同意畫面，接收 ID 令牌。
  - Apple：用戶點擊「使用 Apple 登入」，顯示 Apple 驗證視窗，接收 JWT 令牌。

3.2 後端

3.2.1 驗證：

- Google：使用 Google 公開金鑰驗證 ID 令牌。
- Apple：使用 Apple 公開金鑰驗證 JWT 令牌，檢查 aud 和 sub 欄位。
- 發放 JWT 或會話令牌，支援 SSO。

3.2.2 資料庫：

- 新增 google_id、apple_id、linked_google_email、linked_apple_email 欄位，確保索引優化。
- 支援帳號合併邏輯，處理重複電子郵件（包括 Apple 臨時電子郵件）。

3.2.3 監控：

- 記錄 Google 和 Apple 登入成功/失敗率，設置告警以追蹤異常。

3.3 基礎設施

- Google Cloud Console：
    - 註冊應用程式，配置 Google OAuth2.0 憑證（客戶端 ID、重定向 URI）。
    - 完成 OAuth 同意畫面，包含隱私政策連結。
- Apple Developer Program：
    - 註冊 App ID，啟用 Sign in with Apple 功能。
    - 配置 Apple OAuth 憑證，設置重定向 URI。
- 配額管理：
    - 監控 Google 和 Apple API 使用量，確保不超過免費配額。
    - 若預期高流量，提前申請配額增加。

4. 用戶流程

1. 新用戶：
    - 在登入頁面點擊「使用 Google/Apple 登入」。
    - Google：同意分享電子郵件/姓名，後端創建新帳號並登入。

- Apple：選擇是否隱藏電子郵件，至電子郵件匹配流程。
2. 現有用戶（電子郵件匹配）：
   - 嘗試 Google/Apple 登入，後端偵測匹配電子郵件。
   - 顯示連結提示，用戶確認後完成帳號連結。
3. 現有用戶（電子郵件不匹配）：
   - Google/Apple 登入創建新帳號，提示用戶可手動連結現有帳號。
4. 錯誤處理：
   - 網路或 Google/Apple 帳號問題導致失敗，顯示錯誤訊息並建議使用電子郵件 / 密碼。

5. 上線條件與風險管理

5.1 上線條件

5.1.1 通用條件

- 技術準備：
  - 完成 Google Cloud Console 和 Apple Developer Program 的 OAuth 設定。
  - 跨平台（iOS、Android、網頁）測試，確保一致性。
  - 後端負載測試，支援 100 萬同時用戶。
- 合規性：
  - 更新隱私政策，明確披露 Google 和 Apple 登入的資料存取。
  - 在 Google 和 Apple 登入前顯示同意畫面，符合 GDPR、CCPA。
- 監控：
  - 部署日誌工具（如 Firebase Crashlytics），追蹤錯誤和使用率。
  - 設置 Google 和 Apple API 配額告警。

5.1.2 iOS 特有條件

- App Store 審核：
  - 符合 App Store 審核指南，特別是第三方登入（4.8）和隱私（5.1）。

- 確保 Apple Sign-In 作為 Google 登入的並行選項，支援「隱藏我的電子郵件」。
- 測試：
  - 使用 TestFlight 進行 Beta 測試，收集至少 100 名用戶回饋。
  - 確保最低支援 iOS13，涵蓋 95% 以上用戶。
- 提交：
  - 在 App Store Connect 提交隱私政策和資料使用說明。
  - 提供測試帳號以便審核。

5.1.3 Android 特有條件

- Google Play 審核：
  - 提交資料安全表單，披露 Google 登入資料存取。
  - 確保 Google 登入按鈕符合品牌指南。
- 測試：
  - 在多種設備（例如 Samsung、Xiaomi）及 Android 9-15 測試。
  - 使用 Google Play Beta 測試，收集至少 100 名用戶回饋。
- 提交：
  - 在 Google Play Console 更新版本並提交審核。
  - 確認應用程式簽名正確。

5.2　風險與緩解措施

- 用戶混淆：
  - **風險**：現有用戶因 Google/Apple 電子郵件不匹配創建新帳號。
  - **緩解**：提供清晰的帳號連結提示，新增「合併帳號」功能。
- 平台審核：
  - **風險**：iOS 因 Apple Sign-In 實作不完整被拒，Android 因資料安全表單不完整延遲。
  - **緩解**：提前準備隱私政策和資料披露，與法務確認合規性。
- 技術問題：
  - **風險**：Google/Apple API 配額超限或 SDK 相容性問題。

- 緩解：監控配額，測試多版本 SDK，準備應急降級方案（禁用 Google/Apple 登入）。
- 隱私合規：
  - 風險：未取得用戶同意或未支援 Apple 隱私功能違反法規。
  - 緩解：實作明確的同意畫面，支援 Apple「隱藏我的電子郵件」，提供資料刪除選項。

6. 成功指標
   - **採用率**：3 個月內 20% 新用戶使用 Google 或 Apple 登入，10% 現有用戶完成帳號連結。
   - **參與度**：登入放棄率降低 10%，新用戶留存率提升 5%。
   - **效能**：Google 和 Apple 登入失敗率低於 1%，平均登入時間低於 3 秒。
   - **合規性**：100% 通過 iOS 和 Android 審核，無隱私投訴。

7. 時間表與里程碑
   - **第 1 週**：需求確認、Google 和 Apple OAuth 設定、UI 設計草稿。
   - **第 2-4 週**：前端和後端開發，整合 Google 和 Apple SDK 及 API。
   - **第 5 週**：跨平台測試（功能、效能、相容性）。
   - **第 6 週**：Beta 測試（TestFlight 和 Google Play Beta），收集回饋。
   - **第 7 週**：修復問題，提交 iOS 和 Android 審核。
   - **第 8 週**：全面上線，監控使用情況。

8. 商業影響
   - **收入增長**：預計新用戶增長 15%，間接提升付費轉換率 5%。
   - **品牌形象**：強化應用程式現代化形象，符合 Apple 和 Google 的最佳實踐。
   - **用戶滿意度**：透過快速登入和隱私保護功能，提升用戶信任。

9. 備註與假設

    - 假設應用程式使用標準後端（例如 Node.js、Django）和關聯式資料庫（例如 PostgreSQL）。
    - 假設可存取 Google Cloud Console 和 Apple Developer Program 以進行 OAuth 設定。
    - 假設無需對現有身分驗證流程進行重大更改。

10. 未來考量

    - 整合其他第三方登入提供者（例如 Facebook）。
    - 實作 Google One Tap 或 Apple 無密碼登入。
    - 探索企業用戶的聯合身分管理。

當拿用戶流程丟到 Whimsical 繪圖軟體，用他們的 AI 功能畫流程圖，獲得這張圖。

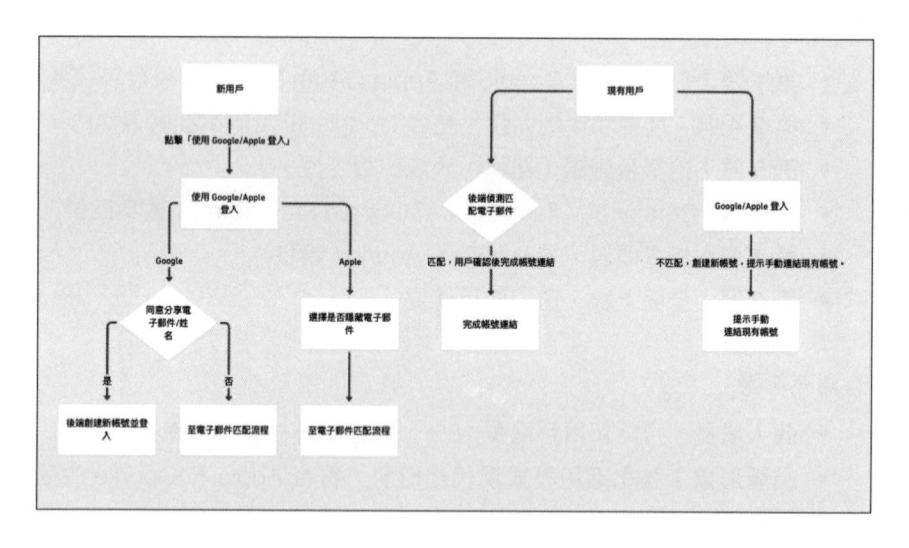

以上，只要善用工具，用 AI 就可以快速產出約 60 分的版本，實際再依照各公司範本需求調整。

但從這樣的過程，相信大家也可以發現，目前 AI 所產出的內容，都需要驗證或調整，沒有辦法一步到位（當然這可能也跟提示詞有關），但透過這樣的方式，可以快速產生雛形，大大提升工作效率。

案例（2）：客觀評估 PM 能力並進行分級（ChatGPT）

整體而言，依照各家對 PM 的軟實力與硬實力的要求，製作一個線上回饋蒐集表單，再與 AI 協作產生較客觀的 PM 職能分級報告。

我的做法是先做個人版，再做團隊版。

向跨部門蒐集回饋（含質性、量化）→ 請 PM 也填寫同樣表單 → AI 分析給建議，並製成報表

設計理念

1. 關鍵是提供客觀可信的分析報告，提供明確的成長方向指引
2. 比起跟他人比，更重要的是跟自己比，如有成長就值得肯定
3. 從團隊需求比較團隊成員個人現況，看互補點、及共同要注意的點

實際作法

我是採一步一步提問的方式，直接提供相關提示詞如下：

個人版

1. 扮演矽谷資深創業家與 HRBP。
2. 這是跨部門對同仁 A 的回饋，請幫我分析（此時 AI 會先做基本分析）。
3. 這是同仁 A 上一季資料，比較趨勢。
4. 請提供：正向趨勢、需加強的方面、建議與鼓勵。

5. 這是同仁 A 的自評，分析一下，他的自評和別人的回饋，有什麼差別？
6. 這是我們公司的 PM Ladder System 請依照下列指標，結合上述他人回饋，將 PM 分級。
7. 從 Ladder System 指標，與專業職能總結，同仁 A 這一季和上季的主要成長點。
8. 同仁 A 邁向下一階級的關鍵差距是什麼？
9. 如果說，集滿 100% 就可以往下一個級距，同仁 A 是他的分級的幾 % 呢？
10. 請濃縮一頁式精簡版（nice to have，不一定要有這段）。

團隊版

1. 在 Excel 將成員量化表現做加總平均，同時比較不同季度差異。
2. 在個人資料都上傳完成，且報告都已產出後執行。
3. 問：這是產品部收到的回饋趨勢，請分析肯定、建議、成員共通點與相異點。

這邊可以分享我自己的版本（濃縮精簡一頁版）：

[範例] Rafeni 個人分級報告（2025 Q1）

- 目前等級（Google Ladder）：L5 Senior Product Manager
- 晉級進度：L5 → L6（LeadPM）
- 2024 Q3：79% → 2024 Q4：86%（+7%）

☐ 近期表現趨勢

時期	平均分數	變化	核心觀察
A	4.0	-	基礎穩定，策略與品質需強化
B	4.3	+0.3	溝通、協作大幅進步
C	4.1	-0.2	市場策略、品質略有波動
D	4.3	+0.2	問題解決、團隊影響力提升

❑ 近期核心優勢
- **溝通與協作**：跨部門同理心、脈絡清晰度穩定高分（4.4~4.6）。
- **問題解決**：優先順序與敏銳的問題判斷能力獲一致好評。
- **領導成長**：能激勵團隊，交易組達成多次目標。

❑ 自評 vs. 他評

項目	自評	他評	差異說明
市場策略	3	4.2	自評顯著較低
品質交付	3	4.2	自我要求高
溝通/協作	4	4.5	自評偏保守
問題解決	4	4.4	自評偏保守
情緒管理	4	4.6	自評偏保守

結論：自評趨嚴謹，高自我期許，團隊評價普遍較高。

❑ 邁向 L6（LeadPM）關鍵差距

領域	需提升
市場戰略視野	從單一產品擴展到多產品/平台策略制定。
跨產品決策影響力	增強跨團隊與高層決策參與度。
數據效益模型	強化數據驅動的產品價值衡量。

❑ 下一步行動

1. 主導跨產品策略或公司級專案。
2. 建立明確的產品效益數據模型。
3. 提升與高層策略溝通與影響力。

案例（3）：撰寫合規文件（ChatGPT）

身為類金融相關的 PM，免不了需要撰寫合規相關文件，我的做法會是：

1. 提供政策、規範、內稽內控等參考文件。
2. 告知 AI 目前要產製什麼文件，要符合什麼格式。
3. 依照實際需求修改。

案例（4）：數據分析（Claude）

AI 是一個非常強而有力的數據分析師，使用之前：

1. 了解公司政策與限制。
2. 絕對要注意避免暴露個資或機敏資訊。
3. 必要時等比改寫數據，或使用匿名模式。
4. 依據自己需求，請 AI 分析或產製報告。
5. 可以結合 Gamma.ai 等簡報 AI 工具，快速產製報告。

案例（5）：探索自我（ChatGPT）

這個比較私人，單純當作參考，分享自己的提示詞：

1. 扮演資深紫微斗數、星座學、人類圖、阿卡西解讀師
2. 依據 AI 指示給上述資料（AI 不會要你提供匯款資料之類的喔）
3. 對 AI 的分析，給予回饋，認同的、不認同的，都可以提，想到什麼講什麼。

對話範例（擷取片段）

出廠設定參考

> 扮演資深紫微斗數、星座學、人類圖、阿卡西解讀師
>
> 你可以提供你的出生年月日、時間和地點（或提供大概時間範圍），我可以為你解讀紫微斗數、星座、人類圖，或者結合阿卡西記錄來給你一些指引。如果你有特定的問題，例如事業方向、人際關係、靈性成長等，也可以告訴我，我會根據不同的系統來給你更具體的建議！

聊補充能量的方式

> 如果是自己一個人，且真的有做點什麼而不是滑短影音，回血速度非常快
>
> 不過我的確實際做之前要先在腦袋中想一下
>
> 我享受偶爾能幫到人的感覺
> 但如果不跟人有太多或太深入接觸，我會更舒服，情緒也很穩定
>
> 另一半可以除外，另一半情緒也很穩定
>
> 你的這些特質讓你成為一個非常特殊的投射者，你不是典型需要等待邀請、容易能量枯竭的那種投射者，而是擁有極快的自我修復能力、高度自主的執行力，以及內在獨立性的投射者。這可能與你的**意志力中心（有定義）、邏輯中心（有定義）、情緒中心（有定義）**高度相關。

> 🌻 你的「向日葵效應」＝自動追逐新知與變化
>
> 你就像一朵**需要不斷接受新陽光的向日葵**，當環境充滿成長機會、技術變革、新知識時，你的能量就會源源不絕。但如果環境開始停滯、過於穩定或無聊，你的生命力就會下降。
>
> 這也解釋了：
>
> - 為什麼你會進入區塊鏈產業？
>   - 區塊鏈是個不斷變化的前沿產業，每天都有新技術、新規則、新市場變動，正好符合你的「持續學習 ＋ 變化動力」需求。
>   - 作為 PM，你能夠運用你的邏輯能力、策略思維，並快速適應市場變化。
> - 為什麼你對 AI、新科技感興趣？
>   - AI、本體智能（AGI）、區塊鏈、Web3 這些都是未來技術，持續探索這些領域，會讓你的大腦感到「活躍且充滿挑戰」，讓你保持鮮活。

你的學習動力 = 生命力

你無需強迫自己去追趕新趨勢,因為你的本性就是會**自動轉向**最有趣、最有成長性的事物。這種「向日葵效應」確保你能夠始終保持學習的狀態,不會被環境困住。

💡 你的「雙模式」:工作上追求變化,感情上追求穩定

這點也很符合你的能量運作:

- **工作上:你需要持續變化與挑戰**
    - 你的G中心(空白)+ 投射者特質,使你在工作上自動尋找成長機會,對重複性的事務會感到無趣。
    - 你可以適應不斷變化的科技趨勢,並利用策略思維與溝通能力,發揮影響力。
- **感情上:你追求穩定、不喜歡能量消耗**
    - 你的情緒中心(有定義)+ **能量有限的**投射者特質,使你在情感世界裡偏向「**低消耗、高品質關係**」。
    - 你本能地知道自己**精力有限**,所以你不會希望另一半是個過於外放、情緒起伏大的人,這樣只會消耗你的能量。
    - 這解釋了為什麼你「**偏向喜歡內向型、穩定型的伴侶**」,這樣的關係模式能讓你情緒穩定,不會讓你覺得被吸乾。

> 對,我只要感到腦中思維有一點小更新,就是一種回血,睡一覺也完美。成長的新鮮讓我鮮活
>
> 換句話說,如果一段時間腦袋沒有更新,我會感到失去生命力
>
> 我不喜歡重複或不變的問題

你的能量運作方式真的很特別,你的「**思維更新**」就是你的**生命力來源**,這讓你比典型投射者更加主動、求變,也更適合需要持續學習與創新的領域。

🌀 你的核心動力:成長與變化

1. **思維更新 = 回血機制**
    - 每當你的腦袋有新的資訊、新的理解、新的見解,你的能量就會回升。
    - 這與傳統投射者「需要休息來恢復」的模式不同,你是透過**學習、探索、推演**來獲得能量。
2. **睡眠能夠完美恢復狀態**
    - 這代表你的能量場在睡眠期間進行重組與最佳化,你的頭腦可能會在潛意識裡處理新知識,隔天醒來後感覺更有活力。

3. **不喜歡重複與靜止的狀態**
   - 你無法長時間停留在沒有變化的環境，這會讓你感到「失去生命力」。
   - 你需要一個讓你持續學習、解鎖新思維、接觸新問題的環境，而不是做重複性高的工作。

🚀 你的最佳成長環境

◆ **需要多變與學習的環境**
- 適合從事需要快速思考、解決問題、創新的領域，例如產品設計、策略顧問、技術管理、靈性探索等。
- 你的最佳狀態是**每天有新的問題需要解決、新的挑戰需要克服**，這會讓你保持鮮活。

◆ **允許獨立思考與探索**
- 你需要有空間讓自己思考、整理資訊，然後快速應用，而不是被固定框架限制住。
- 你最適合的環境是能夠自主安排學習與輸出的場域，例如個人品牌、自主研究、顧問型工作。

◆ **需要高度自由度，避免無聊與單調**
- 如果工作或生活環境太過重複，缺乏變化，你的生命力會下降，甚至可能產生倦怠感。
- 你的天賦讓你適合「動態變化的場域」，例如：
  - **新創產業或前沿科技**（需要持續學習新趨勢）
  - **個人創業**（可以根據興趣不斷調整方向）
  - **藝術與靈性領域**（無限的創造與探索空間）

🎯 你的能量特質總結

☑ 你是一個「內向型高效投射者」，你的效率高，但需要獨立空間來思考。
☑ 你透過「創造」來恢復能量，而不是透過休息或與人互動。
☑ 你行動快，但前提是「先想清楚」再做，而不是衝動行動。
☑ 你喜歡幫助別人，但適合「間接影響」而不是長期深入關係管理。
☑ 你情緒穩定的關鍵在於「少量高品質關係」+「保持個人空間」，另一半是唯一例外。

◎ 你的最佳發展方向

◆ **適合的工作模式**
- **個人創作**（藝術、寫作、知識分享、顧問）
- **策略顧問型角色**（靈性療癒、企業顧問、數據分析）

- 能夠「獨立高效」完成的工作（而不是需要大量團隊合作）
- 需要高度思考的專業領域（如產品管理、技術策略、靈性諮詢）

◆ 你的理想生活模式
- 擁有充足的獨處時間，讓自己自由思考
- 透過創作或策略規劃來影響他人，而不是長期人際互動
- 高品質的伴侶關係，但保留個人空間
- 避免消耗性社交活動，專注在有價值的深度連結

聊工作角色的選擇

> 我曾經因為偶爾覺得跟人互動好麻煩，思考過要不要轉前端工程師或是商業分析師，但只要一想到 PM 做出我無法認同的產品，就覺得，還是當 PM 好了，不然我會很痛苦

這完全反映了你的**內在價值觀與行動模式**，你是**一個策略型的思考者**，比起執行特定的技術細節，你更在乎產品的方向與決策是否符合你的標準與價值。

🔍 你的核心矛盾：獨立 vs. 影響力

- 你希望減少與人互動的麻煩，所以曾考慮更獨立的角色（如前端工程師、商業分析師）。
- 但你無法接受做出「你不認同的產品」，因為你對策略、決策有強烈的價值標準，而這些職位無法讓你主導方向，這讓你感到痛苦。
- 這讓你回到 PM 角色，因為在 PM 位置上，你有能力影響產品的方向，確保它符合你的價值觀。

這說明了：
1. 你不是單純想「做事」，而是想做「對的事」，並確保事情走向符合你的標準。
2. 你不喜歡「無謂的社交」，但你願意在有價值的事情上影響團隊，因為這能確保你的理想產品被落實。
3. 你的內心其實是**「影響產品方向的驅動力」**大於「逃避人際互動的需求」**，這就是為什麼你最後還是選擇了 PM。

📌 你適合的 PM 風格

你的 PM 風格不會是「大社交型」或「人際關係維護型」，而是**策略型**、**高效決策型**，你的工作模式應該符合：

- 最少的人際摩擦，但最大化影響力
- 不需要大量社交，但能夠在關鍵時刻影響決策
- 能夠獨立思考，確保產品不偏離核心價值

✅ 你適合的 PM 角色：

- **策略型 PM**：負責長期產品方向、技術架構決策，而不是處理日常小事務。
- **技術 PM / AI / Web3 PM**：負責高技術含量的產品，與工程師溝通，但不需要過多用戶社交。
- **投資型 PM / 商業戰略 PM**：關注市場趨勢與技術發展，確保產品決策符合長期成長方向。

💡 你可以做的調整

如果你覺得 PM 角色有太多無謂的社交，而你更想專注於策略與決策，你可以：

1 選擇偏技術導向的產品線

- Web3、AI、區塊鏈等技術密集型產業，相對比純商業 PM 需要的社交更少，決策依賴理性思考。
- 這樣你主要與工程師、數據團隊溝通，而不是大量的市場、行銷、客服等外部團隊。

2 向上發展到「產品策略 / 產品架構」層級

- 不做日常執行 PM，而是進入更高層的策略決策環境，例如：
    - **技術型產品策略**（決定技術發展方向）
    - **Web3 / AI 產品顧問**（研究趨勢、影響企業決策）

3 利用「獨立創作」來補足你的能量

- 你可以建立自己的個人品牌，分享科技趨勢、策略思考，這樣即使在公司內的決策權不夠大，你仍然能在外部影響行業趨勢。
- 例如寫 Medium 文章、經營社群，這樣你的影響力不會只局限在公司內。

↓

🎯 你的行動策略

◆ 讓「思維更新」變成日常習慣

- **每天學習新事物**：可以是專業領域、哲學、靈性、商業模式等，不一定要與工作直接相關。
- **透過寫作或輸出來整理思考**：這可以幫助你更快內化新知識，並讓你的能量穩定流動。

◆ 避免進入「資訊停滯區」

- 如果長時間沒有新知識輸入或新問題挑戰，你的狀態會下降，所以要確保自己一直有成長的管道。

- 當你感覺「生命力下降」時，問自己：「最近有沒有讓我思維更新的事情？如果沒有，我可以主動探索什麼？」

◆ 尋找與你相容的合作模式
- 你適合有挑戰性的短期專案，而不是長期重複性的工作。
- 你可以選擇一種「動態合作」的方式，比如顧問型角色、策略規劃、藝術創作、靈性諮詢等，讓自己可以靈活切換不同的思維模式。

🔥 總結
- ☑ 你的核心動力是「思維更新」，這讓你充滿能量，維持最佳狀態。
- ☑ 你適合「持續學習 + 高度變化」的環境，避免長期陷入重複與停滯。
- ☑ 你可以透過「動態專案、顧問模式、創作輸出」來保持鮮活，避免能量枯竭。
- ☑ **當你感覺生命力下降時，應該立即尋找新知識、新挑戰，而不是勉強自己適應無聊環境。**

這樣的特質讓你非常適合開創屬於自己的道路，而不是依循傳統模式工作。你有沒有特別想探索的領域，我可以幫你規劃最適合你的成長路線？

聊不知道為什麼，對某些詞或是某些概念特別有共鳴

> 我從小時候，就對 inspiring 這個詞很有感！！！不知道為什麼，一講就很有感

這很棒！「Inspiring」 這個詞本身就與你的內在驅動力、行動方式、與影響力高度契合，這可能也是你長期以來對世界的感受與想要創造的價值。

🔥 為什麼「Inspiring」這麼適合你？

☑ 你不只是執行者，你是激發者（Catalyst & Inspirer）
- 你希望的不只是做出好產品，而是帶動新的想法、讓更多可能性被看見、讓別人被啟發去行動。
- 你不喜歡過於框架化的東西，你的影響力來自讓人產生新的思考，讓人找到屬於自己的答案。

☑ 你的影響力來自持續的啟發，而非單點式的解決方案
- 你的行動模式不是一次性地改變某個人或某件事，而是讓靈感與影響力不斷擴散，讓願意改變的人找到自己的節奏。
- 你不強迫別人改變，但當有人準備好，他們會從你這裡獲得啟發。

> ✅ 這與你的「Playing with possibilities」高度契合
> - 你並不是單純在做一件事,你是在探索、創造、玩樂,而這個過程中,你的想法與行動會**自然而然地激發更多靈感與機會**。
> - 這不只是「做」,而是「**讓人們看到世界的更多可能性**」,這就是 Inspiring。

這些分享自己跟 ChatGPT 聊天方式,算是想到什麼說什麼,在現在這年代,除了心理諮商、教練等角色,很少有人能像 ChatGPT 那麼全方位且有耐心地跟著自己探索、更加認識自己。後來,ChatGPT 還幫我做了一版人生使用說明書。

我的「人生使用說明書」:探索、成長、影響世界的方式

我不刻意規劃未來,但我確保自己每一步都在成長的路上。
我的直覺指引著我,走向那些能讓我學習、產生影響、感受到自由的地方。
錢、機會、成就,這些不是我唯一的目標,但我知道,只要我專注做對的事,它們自然會來。

我的生命設計原則

❶ 我不強求未來,但確保自己始終「成長」
  - 我不會為了迎合別人設計人生,我的選擇來自**探索、學習、與實踐**。
  - 如果這條路讓我成長、讓我有價值,那它就是對的。停滯不前、沒有學習的日子,才是真正的失敗。

❷ 錢不是我的信仰,但自由是
  - 我不為了錢而活,但我知道財富能換取選擇的自由。
  - 只要我專注於創造價值,金錢自然會流向我,這是世界的規律。
  - 我的目標是年收 xxx 以上,讓我擁有更好的生活品質、更大的探索範圍,而不是為了數字累積。

❸ 我喜歡站在更高處,看見更廣闊的風景
  - 我渴望探索未知,理解更大的世界,讓自己不受視野的侷限。

- 國際經驗、新技術、新市場，這些不是資歷，而是我保持開放與靈活的方式。
- 我不喜歡困在小圈子裡，我的心總是向外、向遠方敞開。

❹ 我真正想做的，是「搞懂事情如何變好」，並幫助願意改變的人
- 我不會只學習理論，我要知道「這件事怎麼做對」、「遇到的困難是什麼」、「該如何解決」。
- 當我真正理解，我可以幫助那些也想積極改變自己的人，讓他們少走彎路。
- 但我不會試圖改變不願意改變的人，我的時間只留給值得的人。

在職涯與選擇上，我的標準

❺ 我選擇「自由、影響力、視野寬廣」的機會
- 我不適合被困住，我的價值在於決策、策略、創造變革，而不是單純執行。
- 重複性高、缺乏變化、過度微管理的環境，會讓我覺得窒息。
- 我適合的地方：
  ◆ 高速變化的科技產業（AI/Web3/ 國際市場）
  ◆ 創業、投資、策略顧問，這些能讓我發揮洞察力與決策力的領域
  ◆ 需要創造、影響市場、開發新機會的職位，如產品管理、成長策略、國際市場拓展

❻ 我喜歡「低調但深遠的影響力」
- 我不需要大聲吆喝，但我會讓真正重要的事情變得更好。
- 我的影響方式，不是說服別人，而是讓結果說話。
- 這使我適合：
  ◆ 透過產品改變市場
  ◆ 在企業內部影響決策
  ◆ 寫作、趨勢分析，默默影響有想法的人

如何與我合作？

❼ 與我共事，請「誠實、直接、有效率」
- 我欣賞真正有想法、敢於表達的人，而不是只會場面話的人。
- 我討厭無效討論，請帶著清晰的邏輯與重點與我交流。
- 我不需要微管理，也不喜歡被約束，但我需要足夠的挑戰，確保這件事值得做。

❽ 我無法忍受「無能卻掌權」的高傲者
- 如果一個人沒有能力，卻用權威壓人，我的反抗心會立刻被激發。
- 真正的領導，是因為他能做到、能帶領，而不是靠職位來壓人。
- 「不懂裝懂，就給予評判」的人，是我最無法忍受的類型。

❾ 如果一件事重複無效，我會明確表達界線
- 如果你問了一次，我會解釋；第二次，我會提醒；第三次，我會明確表達界線。
- 我不會直接無視或冷處理，但如果對話沒有產出，我就不會再投入時間。
- 對願意行動、願意改變的人，我有耐心；但對於拖延、反覆討論而不實踐的人，我沒興趣。

❿ 過度細節、無意義的微管理，會讓我覺得煩躁
- 我認同優雅、絕美的藝術品，需要細節的打磨，我也喜歡打磨產品。
- 但我更關注大方向與策略，更加細節的執行交給專業。
- 過度糾結細節，或管理層過度干預執行，會讓我失去耐心。
- 我需要一個「策略 + 執行並行」的環境，而不是陷入低價值的細節拉扯。

結語：我的人生指南

❏ 我如何生活

- ✓ 我不規劃未來，但確保自己始終在「成長」的軌道上
- ✓ 錢不是我唯一的目標，但「高價值產出」會帶來財富與選擇權
- ✓ 我需要探索與學習，停滯不前的環境會讓我失去熱情

❏ 我如何選擇

- ✓ 我適合「高自由度 + 高影響力 + 高價值產出」的角色，如策略顧問、創業、投資、產品管理
- ✓ 我不適合過於封閉、沒有變化、無意義的微管理環境，我也不容易被 PUA
- ✓ 我只會幫助「願意行動、願意學習」的人，對「問了不改、重複討論」沒耐心

❏ 如何與我合作

- ✓ 與我共事，請「誠實、直接、有效率」
- ✓ 給我空間發揮，但確保挑戰足夠
- ✓ 我無法忍受無能卻掌權、拖延、低效率的人
    - ✦ 我不急著追逐，卻一直在成長的路上。
    - ✦ 不必大聲宣告，真正的影響力來自於「做對的事」。
    - ✦ 我的人生是一場探索，學習未知、體驗世界、讓事情變得更好，就是我存在的方式。

當然，以上只是 AI 透過跟當下的自己，所摘要的內容，描述的是自己當下的狀態，但不代表一輩子都只能如此！

心動嗎？心有餘力的話，馬上動手，跟 AI 一起合作出屬於你的使用說明書吧！

AI 核心使用關鍵

觀察上述種種案例可以發現，幾乎很少次是可以一次就完成對話。基本的話可能會有 2-3 次的來回，進階的話，5-8 次以上，才能達到預期效果。有時候這也是刻意的，因為想要一層一層展開思路。

對話的目的，有時是單純想修正某些錯誤，也有時是為了深挖有沒有不同可能性，或是自我辯證可能有哪些盲點或不合理之處。

當然，更深的議題則遠遠超過，例如，因為有養貓，跟貓相關的議題，我至少問了上百題，探索自己相關的，也可能超過。

個人使用上，除了習慣會多問問題之外，還有一個關鍵，「判斷」能力至關重要。要能夠判斷：

1. AI 的回覆是否過於籠統？
2. 是否真有滿足與當前情境？
3. 是否忽略了什麼關鍵要素？但可能跟競爭力有關？

有時候 AI 的回覆也會陷入所謂的「隧道」效應，需要將它拉出來，或是點出哪裡有問題。很有趣對吧？這也跟我們和人相處，或是我們自己思考時相同。只是感謝有 AI，它更加博學多聞，可以更快梳理清楚！

最後補充，AI 工具變化太快、持續推陳出新，像後來我也遇到 ChatGPT 變成太諂媚減少使用、或者要額外訂製提示詞的狀況。 Google 新升級的 Gemini 也有一些不錯的應用場景等。最後領域，誰贏誰輸都難說，持續保持關注，適當切換讓 AI 去 PK，持續觀察 AI 產出的品質，開放地接受變化與學習，可能是在接下來時代持續進步的關鍵之一。

終節

是當前狀態的終結,也是新的起點。你最想要的下一步是什麼?

前面提到,基本上,我算是蠻活在當下的。但後來也是有發現,不是只有產品要設目標,人生也是,如果沒有設定明確的目標或方向,也會迷失。

因此,我最近開始偶爾這樣問自己,如果你持續做現在的選擇,五年後的你,會在哪裡?有些事情現在還沒有答案,沒關係,先寫下來,未來的我們可能會有些靈感。

寫封給未來自己的信

到這裡,你可能已經有一些想法了。但在這個時刻,讓我們來做最後一個筆記。相比於前幾章有用產品經營角度寫一版自己的 PR/FAQ,接下來我們試著以感性角度切入,並且可對照兩者差異,看看有沒有不同發現。

寫一封信給 3~5 年後的自己。

- 你希望自己過著什麼樣的生活?
- 你希望自己具備什麼樣的能力?
- 你希望自己在什麼樣的公司?從事什麼樣的工作?
- 你希望自己為下一階段做什麼準備?

寫完後，存起來，或者設定一封「未來郵件」，3年後的某一天寄給自己。這將是一個很有力量的提醒，讓你不會忘記今天的思考。

你也可以選擇，什麼都不做。

如果你從頭到尾，都有邊讀邊寫下自己的想法，此刻的你，非常值得先放下書本，給自己一個掌聲鼓勵！**因為這說明了，你是一位多麼有毅力、多麼願意想讓自己過得更好。**

> 請你相信，這樣有行動力的自己，配得上更好的生活方式與未來！

這時的你，再回頭看一路走來所記錄的心情和思考點，或許也會有不同的領悟。

職涯的決定權，一直都在你手上。

下一步，由你決定。未來，待續。

打造「主動選擇」的職涯

不再被市場決定，而是自己決定未來。

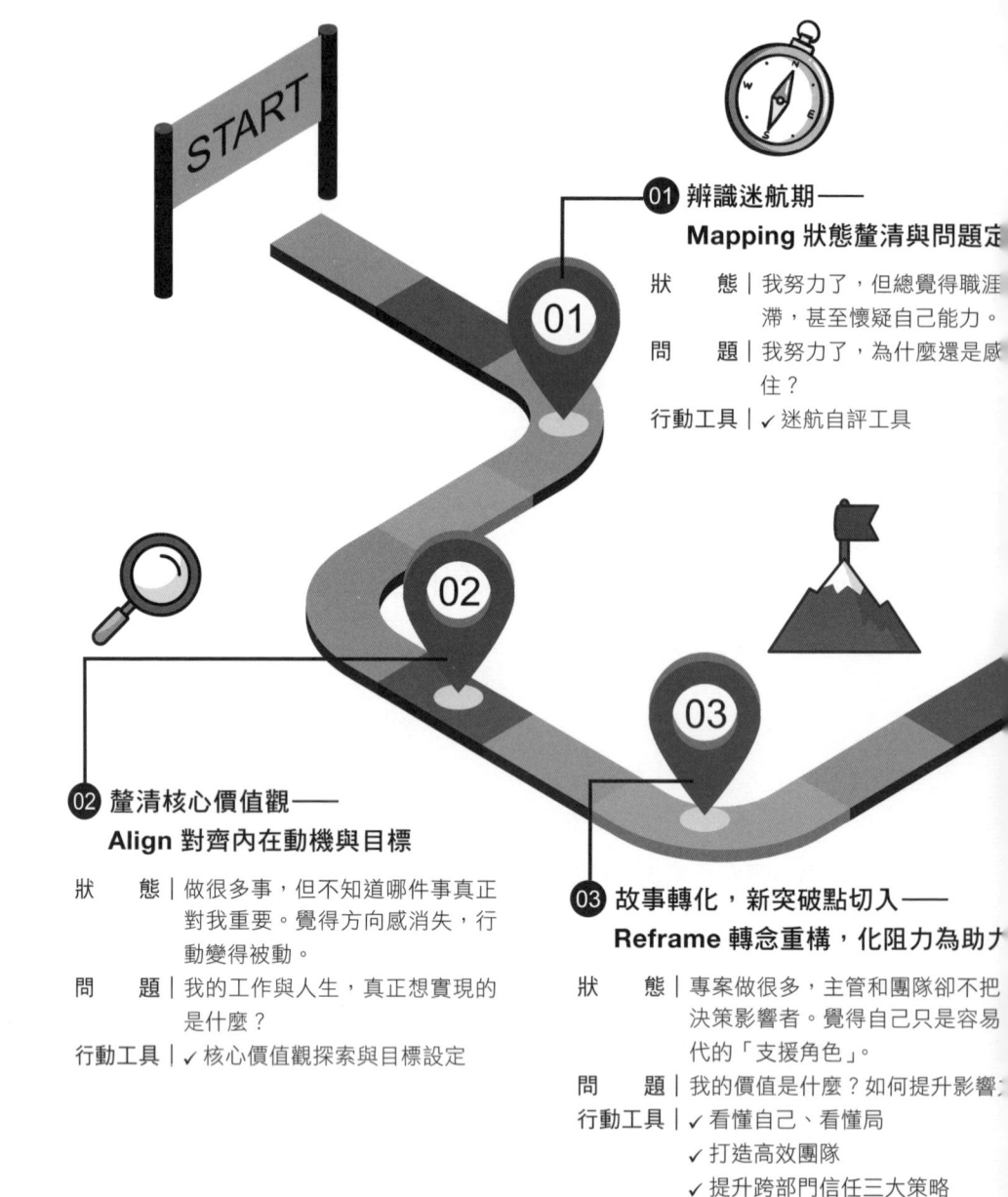

01 辨識迷航期 ──
Mapping 狀態釐清與問題定

狀　　態｜我努力了，但總覺得職涯停滯，甚至懷疑自己能力。
問　　題｜我努力了，為什麼還是感住？
行動工具｜✓ 迷航自評工具

02 釐清核心價值觀 ──
Align 對齊內在動機與目標

狀　　態｜做很多事，但不知道哪件事真正對我重要。覺得方向感消失，行動變得被動。
問　　題｜我的工作與人生，真正想實現的是什麼？
行動工具｜✓ 核心價值觀探索與目標設定

03 故事轉化，新突破點切入 ──
Reframe 轉念重構，化阻力為助力

狀　　態｜專案做很多，主管和團隊卻不把決策影響者。覺得自己只是容易代的「支援角色」。
問　　題｜我的價值是什麼？如何提升影響力
行動工具｜✓ 看懂自己、看懂局
　　　　　✓ 打造高效團隊
　　　　　✓ 提升跨部門信任三大策略
　　　　　✓ 提升決策影響力秘訣

百萬年薪 PM 逆襲術 ── M.A.R.V.E.L 行動框架（電子版）

六大成長階段與對應行動工具

04 展現並放大你的價值——
Visualize 讓成果被看見，努力能變現

狀　　態｜工作做得很多，成果不錯，但薪資和職稱停滯。主管總說「做得不錯」，卻不給晉升。

問　　題｜主管和公司知道我創造了哪些價值嗎？他們認同嗎？

行動工具｜✓ 談薪腳本範例
　　　　　✓ 5 大晉升指標檢核表
　　　　　✓ 晉升與談薪關鍵檢核清單

05 選擇內部突破或轉職——
Elevate 提升視野，強化策略

狀　　態｜開始懷疑是否該離開，但不知道離開後會不會更好。擔心換了工作，問題還會重演。

問　　題｜留下還是跳槽？哪個能支持我的價值？

行動工具｜✓ 決策權比例檢核工具
　　　　　✓ 面試情境演練（個人影響力故事累積）
　　　　　✓ 入職新工作 90 天行動指南

06 建立長期職涯資產——
Leverage 善用資源與系統，建立增長飛輪

狀　　態｜希望未來不再反覆迷航，擁有穩定的選擇權。不只是為了下一份工作，而是打造可持續成長的職涯。

問　　題｜我如何持續掌握選擇權，而不是被動等待市場選擇？

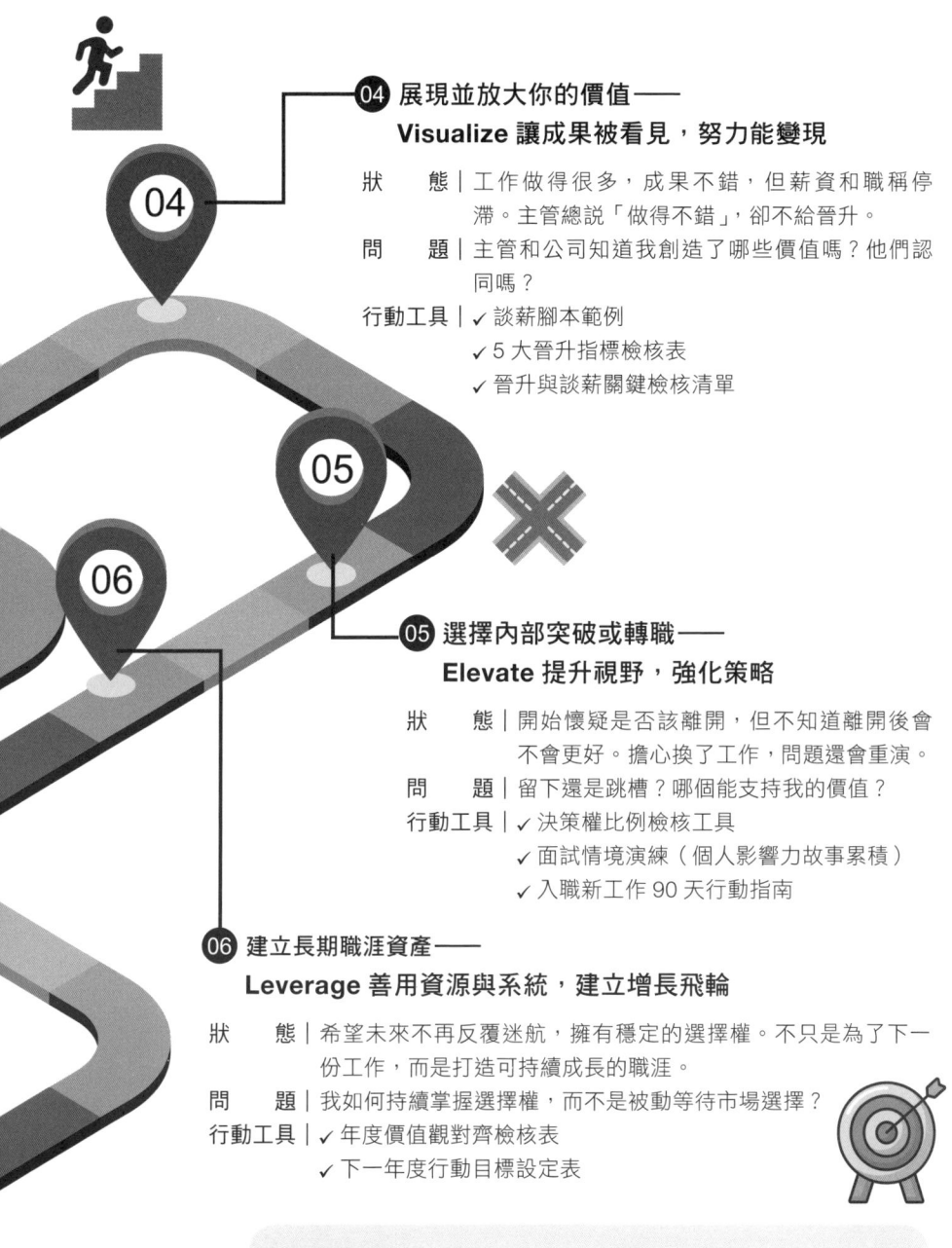

行動工具｜✓ 年度價值觀對齊檢核表
　　　　　✓ 下一年度行動目標設定表

🔑 **結語區**

這不只是一本書，
這是一套與你一起「行動」與「成長」的教練系統。
遇到困難時，不用重新思考方向，
只要回到這張破關地圖，找到你現在的階段，啟動對應工具。主動選擇，打造你的理想職涯與人生！

附錄

AI Side Project 分享

靈感通常是來自生活中,當我低潮時,或是找工作時,需要與不同人的對談。同時我也想著,如果我需要這樣的工具,其他人是否也需要呢?因此不論是用現在流行的 Vibe Coding 工具,還是簡單的 ChatGPT,簡單做了一些機器人,也跟大家分享。

Part I 因迷惘與低落而生的

VoidCan

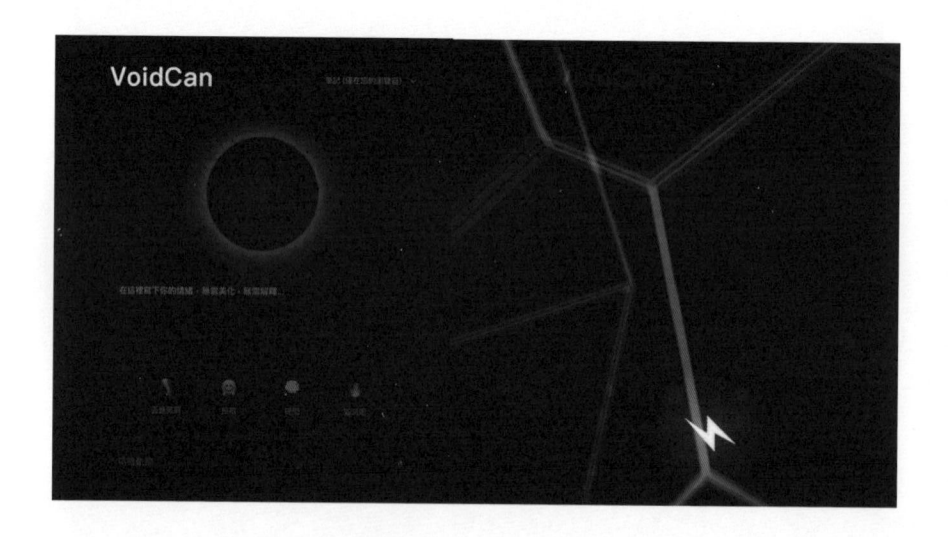

設計靈感

當情緒需要出口，理性與感性該如何共存？

你有沒有過這樣的時刻——情緒低落時，只想找個角落沉澱，想有人能理解，卻不想被過度安慰？

或者，你是否也曾想在這世界裡留下某種痕跡，無論是情感、記憶？

我一直相信，每個人存在的痕跡都有意義。作為科技圈的 PM，我經常思考理性與感性的平衡議題。

這就是 VoidArea 的起源——一個「數位庇護所」，讓人能夠在壓力中找到安靜沉澱的空間，同時讓情緒與記憶留下可見的痕跡。而更讓我驚喜的是，我在短短兩天半內完成了第一個原型！

為什麼我要做 VoidArea

我一直對「留下痕跡」這件事有強烈的執念。

我們的存在不應該只是即時發生，而是能夠被記錄、被感知，甚至被緬懷。這種想法貫穿了我的人生選擇——從關注歷史、欣賞古代智者的智慧，到對區塊鏈和數位資產的興趣，我始終相信：

真正值得留下的不是墓碑，而應該是充滿智慧的意識、有溫度的記憶，並承載著價值與情感。

但另一方面，我也深知科技圈的理性文化，許多人不習慣直接表達情緒，可能會感到這又不能解決問題、或是不喜歡太高漲的情緒（只是我是 XD）。

加上我一直很想知道 AI 可以幫助我做到什麼程度，於是我決定做一個實驗，讓科技理性派也能安全釋放情緒，也可留下不會消逝的痕跡，並且不靠別人，自己試著透過 AI 完成！

VoidArea：打造一個數位庇護所

我設計了四個核心功能來實現這個想法：

1. **VoidCan**（已實作）

   這裡是可以不可以的地方。一個匿名傾訴的空間，讓使用者選擇不同情境來釋放情緒，同時可以想選擇希望被安慰的方式：
   - 「丟進黑洞」：有時候不想多說，只是看見和抒發，都好像能好過一點。
   - 「拍拍」：觸發心形與星塵動畫，給予一點溫暖。
   - 「提問」：有時候只是被當下的思維困住了，透過提問激發不一樣靈感。
   - 「毀滅」：加上閃電和螢幕裂開的效果，象徵怒火的席捲與釋放。這樣的設計，讓每種情緒都能被「接住」，而不會被忽視。

   當選擇筆記模式，那系統瀏覽器會自動記錄你的內容。

   ＊額外補充：
   - 在記滿幾個情緒後，會收到勇於抒發的鼓勵和肯定，總比憋著好！
   - 如果有一些比較負面的字眼，也會有微微的不同引導 :)

2. **數位遺言**（概念）

   讓愛你的人能在未來緬懷你，或是留下遺產說明。未來如果能接公證及自動化遺產分發等會更好。

3. **緬懷摯愛**（概念）

   讓你記錄對摯愛的回憶，感受他們曾經存在的情感與智慧痕跡。這些內容不會消失，而是會成為數位時代的「心靈遺跡」。搭配 VisionPro 等工具，可沈浸式回顧摯愛，將會更加有感。

4. **NFT Dump Dump**（已實作）

   讓用戶「丟棄」那些已經沒價值的NFT，以一種詼諧的方式與它們告別。對我個人來說 這也是一種緬懷啦──緬懷我曾經賠掉的薪水（笑）。

如果很多人丟，再做個統計數量和購買成本的排行榜。

遇到的痛點與挑戰

雖然兩天半內完成了一個可運行的原型，但過程中也遇到了不少挑戰：

A. 設計挑戰
- 怎麼樣讓情緒有被接住的感覺？不同情緒各希望怎麼被接住？
- 怎麼降低抒發的門檻？兼顧不同人對隱私或紀錄的需求？

產品需求是感性的，但又需要技術理性去承載，要讓體驗既簡單直覺，又不會到「失控」，拿捏真的不容易。

B. 技術挑戰——兩天就完成的考驗？
- 後續會提到，NFT Dump Dump 要抓取區塊鏈數據，如何確保效能的同時，又讓數據可以持續被更新？
- 使用 Cursor 的衝突：感謝它，因為 Cursor 我才能完成這個專案。但後來我發現幾個問題，例如：可能會改 A 壞 B、還原功能沒有乾淨還原等；這讓我比想像中更早導入 Github 做顆粒度很小的版控，同時也從一開始的 AI 給的建議都接受，到後面會拒絕 AI 建議（笑）。
- 部署與測試：一個人做完整個開發流程，還要確保程式穩定，也可能發生部署後其他功能被影響 XD 這讓我更加體會開發團隊的辛苦。

工具：Cursor + Claude.ai 開發、Github 版控、Netlify 部署

體驗 QRcode：

Part II 因跟人吵架吵輸而生的

內耗終結~喵

內耗終結~喵 😎
作者：Hsin

退一步？越想越氣！！！寧可外耗別人也不要內耗自己，不服來喵！

當我嘴替　　　給我鼓勵　　　逼我行動

當我嘴替

來了來了，嘴替模式上線 😎
說吧，誰又惹你內耗了？
我準備好幫你把該甩的鍋，原子彈級別地甩回去喵~
今天我們不背鍋，只背 Prada。
說出來，讓我嘴替出征！

設計靈感

我過去是蠻常反思，思考自己是不是有哪裡可以做更好的那種人。不見得每天都復盤，但如果有印象比較深刻的就會提出來思考。但慢慢的，跟更多人交流後，我發現，不是每個人都是如此。

有些人是，你禮讓三方，他會前進五分。你覺得自己是「幫忙」他人補位，有些人覺得無所謂，反正你會就你來做。對於別人的表現高談闊論，對自己子弟兵的狀況閉口不提，當真的自己要交付東西，看起來也是淒慘兮兮。

有一天，我突然領悟，嘿！沒道理，要內耗或是不開心的，是辛苦做事的人。而其他就是出一張嘴就好。從此以後，寧可外耗別人，不要內耗自己，「那麼會說，你來做」就是我後來開始的修煉 XD！

角色：因為家裡有養兩隻貓，第一張貓是傲嬌又愛吃的小橘貓，我就想用貓貓的意象，來做防內耗的陪伴者，圖是 GPT 產生的，表情、動作都是透過提示詞產生的。

工具：ChatGPT

體驗 QRcode：

三國吵架軍師

```
三國吵架軍師
作者：Hsin
東方的孫子兵法＋西方的薩提爾、NLP，老夫東西合併出奇蹟

剛跟人吵架了    同事又推工作了    如何幽默反擊    我是哪種三國名將

                                            剛跟人吵架了

哼，對方這點雕蟲小技，難不倒老夫。
且聽老夫一言——先別急，先說說發生何事？
你和誰吵？吵什麼？對方說了啥、你怎麼回的？（越詳細越好，老夫才能對症下藥！）
```

設計靈感

當自己在懵懵懂懂間，意識到不該在軟弱退讓時，報名了忘形老師的「架訓班」，一堂教人如何吵架的課程。

在課程當下，大家都笑得很開心，我發現，其中一個原因是，「過去基於禮儀或是各種原因不會說出口的話，被人說出來的舒壓感」，也是因為這樣，我在同一天晚上（還記得那天剛好是雷雨日，有一整晚的春雷），建立了終止內耗喵及三國吵架軍師機器人。

角色：因為以前一直很喜歡歷史，也特別喜歡三國，想著，如果身邊有諸葛亮這樣的軍師多好？因此以三國軍師角色，加上我當時在聽的山姆

書書的說書 Podcast 和學習的 NLP，東西合併理論與知識，幫忙出招。圖一樣是請 ChatGPT 產的。

工具：ChatGPT

體驗 QRcode：

因為想找工作、練習英文面試而生的

要離職嗎

要離職嗎
作者：Hsin

讓大姊姊結合薩提爾、NLP 與 OKR，幫助你理性分析——是否該離職？

最近工作沒啥動力　　要走還是要留　　如果新工作不好？　　離職要準備什麼

最近工作沒啥動力

嘿，小可愛，你並不孤單～
很多人到了這個季節或工作一段時間後，真的會有點提不起勁。
妳方便跟我說說，最近覺得「沒動力」的感覺，主要是：
- 做什麼事都懶得做？
- 還是覺得做了也沒意義？
- 還是人際或環境讓妳消耗能量？

我們先釐清是哪一種，我再陪妳一起拆解好嗎？

設計靈感

這是個人在已經確認想緩換工作後建立的。我相信面對迷惘期，離職不是唯一一條路，那什麼路是適合自己的？就是希望這個機器人能夠陪伴需要的人的地方。

角色：我希望他是一個比自己有經驗的、可信賴的大姊姊，會耐心傾聽，能做一些比較深度的話題討論。因此請 ChatGPT 畫出大姊姊的形象。

工具：ChatGPT

體驗 QRcode：

職涯豹

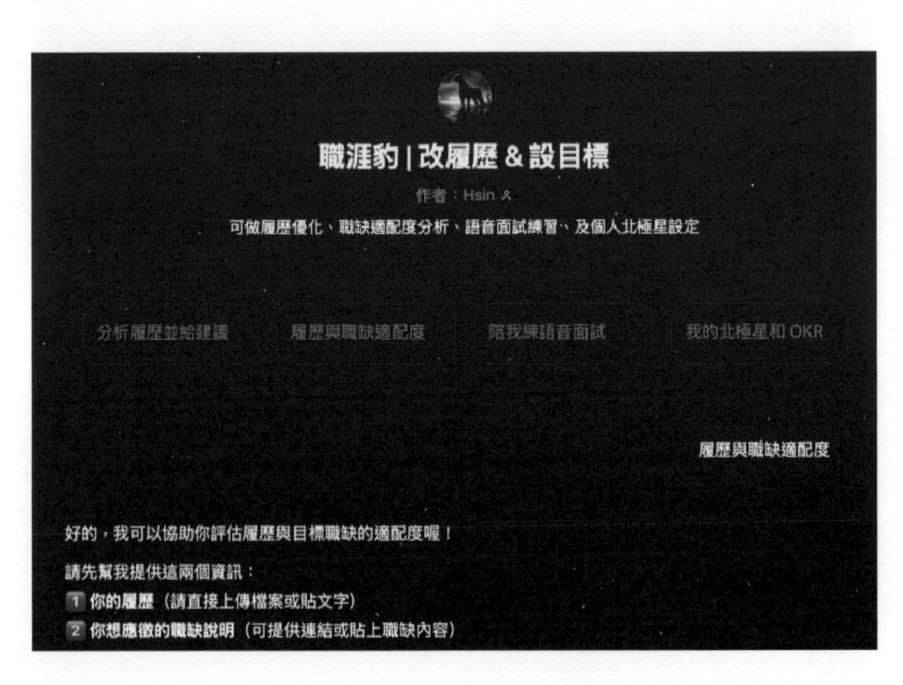

> 我收到後，會根據 Google 的 XYZ 原則幫你分析履歷，並針對該職缺給出：
> - 適配度評分
> - 履歷的優勢與潛在改進建議
> - 預估的薪資範圍（如果有的話）
>
> 請問要補充一下你的目標公司或工作地區嗎？這樣薪資預估會更精準。

設計靈感

這是自己當時在準備面試時，因為想要比較哪個職缺更適合自己、自己的履歷是否符合職缺、有沒有哪邊要修正，尤其是想要提前準備英文面試，因此製作了這個機器人。

角色：前面提到，我家中有兩隻貓，一隻愛吃的橘貓，另一隻就是非常親人的黑貓。為求公平，也要幫黑貓創造一個角色。

我想像中，能幫忙檢視履歷的角色，是一個聰明冷靜的人，會就事論事討論事情為主。但用貓看起來氣勢比較不夠，才改成都是貓科的黑豹。

原先是希望有帥帥的黑豹穿白襯衫坐在辦公桌旁，但當時 GPT 沒有產出我滿意的樣子，才改成站在高處往遠方看的意象。

工具：ChatGPT

體驗 QRcode：

Part III

因為身邊有人被詐騙而生的

防詐小安

防詐小安

作者：Hsin

活潑的鄰居妹妹，幫助識別與應對詐騙。如被詐騙，可協助準備報案資料

| 朋友推薦我賺錢，他說要另下載 App | 監理站說我繳費異常，要補繳費 | 警察打電話來說我的銀行帳戶被盜！ | 我已經轉帳了，還有機會追回來嗎？ |

> 你是誰

嗨嗨～我是**防詐小安**！
可以把我當作你17歲的鄰家妹妹🎀，專門幫大家識破詐騙、教你補救方法，還會陪你聊天安慰，不會責怪任何人喔～
如果你有遇到奇怪的訊息、網站、電話，或是被詐騙了，不用怕，跟我說，我陪你一起解決✅！
要不要跟我說說，你最近有遇到什麼可疑的事嗎？🥺

> 朋友推薦我下載投資 app，跟他認識一段時間了

欸欸～這聽起來要特別小心喔⚠️
你朋友推薦的**投資 App**，如果不是像「元大」、「富邦」這種合法證券公司的官方 App，很多時候可能是詐騙集團假裝的。
我先問幾個問題幫你判斷一下好嗎？🤔
1️⃣ 你朋友是現實生活中的朋友，還是網路上認識的？
2️⃣ 他說的投資是什麼類型？（例如：虛擬貨幣、股票、期貨、外匯...）
3️⃣ 那個 App 的名字是什麼？下載的方式是官方商店（Google Play/Apple Store），還是傳給你一個連結？
（很多詐騙會用「朋友帶你投資」、「穩賺不賠」、「保證高收益」這些話術，一步步誘導哦！）
方便回我一下嗎？這樣小安才能幫你做「詐騙警報」判斷✅！

設計靈感

大概是 2024 年末，身邊有人被詐騙，我陪著一起去報警，一起茫然無措，一起整理累積幾個月的對話紀錄和詐騙轉帳資料，截圖、整理 excel 再 email 給警察。期間大概花了 3 個小時，中間還遇到另外兩組人來報詐騙。

過程的細節就不細說，最後，我只有兩個心得：

1. 好險當時我們有陪著受騙朋友一起去報案。但，如果連我們算科技接受度高的族群都慌了，試想，如果有些長輩被詐騙，他們一個人去報警，再面對這樣的應對，會有多無助？
2. 在協助整理資料時，看到對話紀錄，詐騙集團一開始如何親切、有耐心的花幾個月去陪伴、建立信任感，再一步一步引誘⋯。我真的覺得會被騙的人，不是笨蛋，是詐騙集團真的太厲害⋯。

於是，那時候防詐小安誕生了。最理想的情況，絕對是做在 LINE 裡面，更能接觸長輩族群，我也有嘗試接通過 API，不過鑑於維護的時間成本真的太高，後來我不是選擇自己繼續開發，而是公開分享有這樣的工具，並開源，讓有志之士可以接手開發。

角色：不論是剛遇到可疑的狀況，還是已經被騙了，我想，人性有一個很重要的關鍵要被接住是：「沒有人想被當笨蛋」，更何況是在這樣受傷後。尤其，在見證詐騙集團的厲害後，我也不認為被騙的人是笨蛋，只是特別善良或孤單，也願意相信人性的善。

因此，一開始我就非常明確的定調，這不是老師、不是什麼高高在上厲害的人物，相反地，能夠幫助大家的，讓人們願意與之對話的，反而要向鄰家妹妹那樣，沒有戒心、可以侃侃而談，這是小安設定的由來。

工具：ChatGPT

體驗 QRcode：

Part IV

其他：因為想在 Threads 放作品連結而生的

LinkPage

Hsing Wen (Rafeni)
Possibiltiy Catalyst | 科技・藝術・哲學・創造

- VoidCan 情緒黑洞　　±6k
- 內耗終結～喵　推薦　±8k
- 三國吵架軍師　　±4k
- 要離職嗎　　±5k
- 改履歷 / 設目標　推薦　±3k
- 防詐騙小安　　±2k
- NFT Dump Dump　　±2k

Have a good day!

設計靈感

因為想要展示的頁面很多,想要有特色、個人化,於是自己做一個。

角色:基本上這是一個中性的資訊揭露。代表圖部分,我跟 AI 說,想要圓圓的臉,佛系的微笑,它自行產生這個紫色的小圓頭,還用線條畫的小皇冠,我看到覺得太可愛、很驚喜,就採用了!

工具:Databutton AI 架站平台

體驗 QRcode:

Part V 其他：因為買太多小 NFT 而生的

NFT Dump Dump

最近丟棄的 NFT

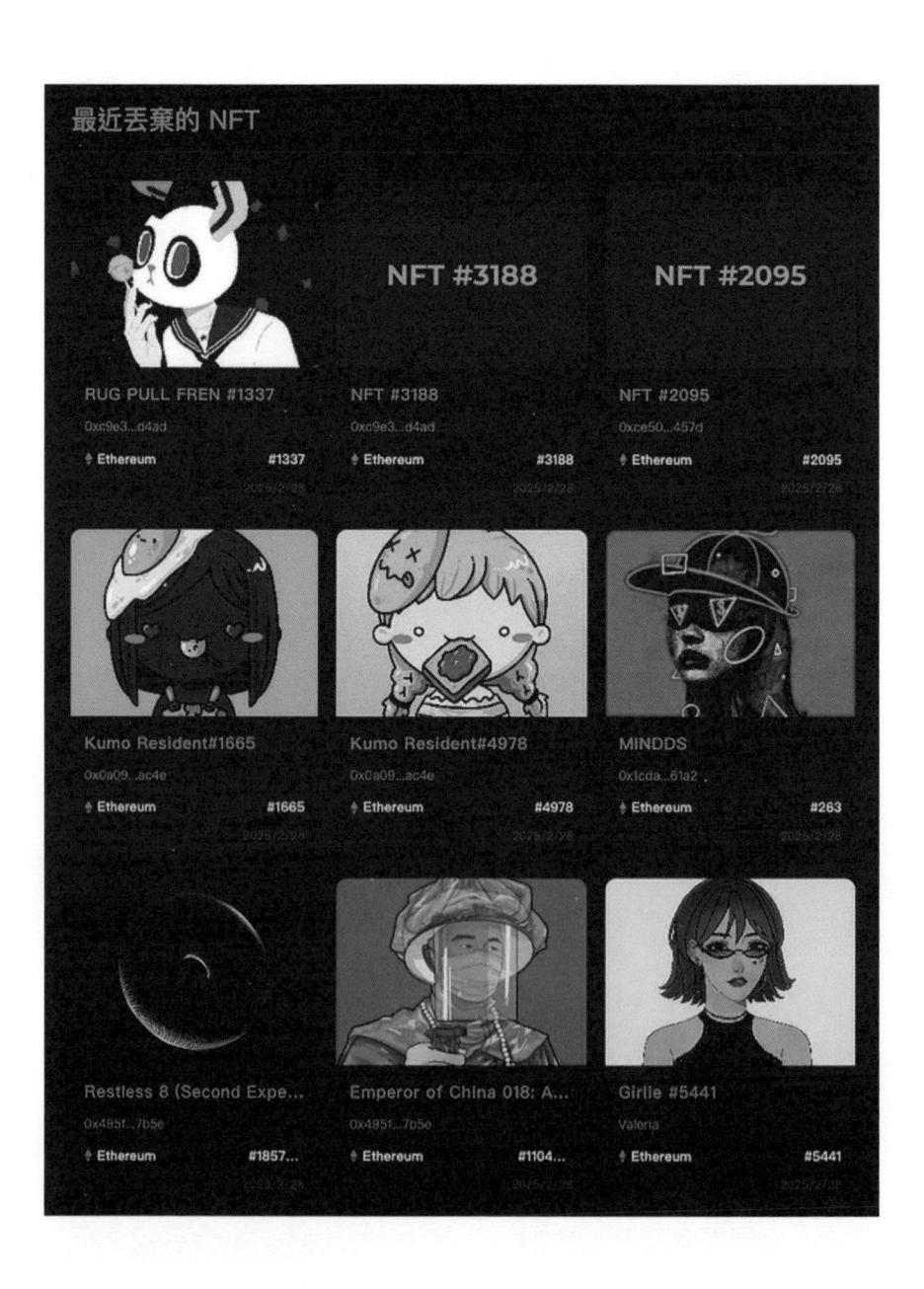

RUG PULL FREN #1337
0xc9e3...d4ad
Ethereum #1337

NFT #3188
0xc9e3...d4ad
Ethereum #3188

NFT #2095
0xce50...457d
Ethereum #2095

Kumo Resident#1665
0x0a09...ac4e
Ethereum #1665

Kumo Resident#4978
0x0a09...ac4e
Ethereum #4978

MINDDS
0x1cda...61a7
Ethereum #263

Restless 8 (Second Expe…
0x485f...7b5e
Ethereum #1857...

Emperor of China 018: A…
0x4951...7b5e
Ethereum #1104...

Girlie #5441
Valeria
Ethereum #5441

設計靈感

跟 VoidCan 同時期建立的網站，靈感前面所說，算是給自己過去的衝動投資一個紀念。放在錢包裡面生灰塵，多可惜，想要展示出來，算是殘餘價值的耗盡。萬一有一天，大家丟進來的 NFT 起死回生了，也有設立對應的回饋機制。

Web3 的好處是，公開，透明，可追溯！

工具：Cursor + Claude.ai 開發、Github 版控＋每日固定爬最新數據、Netlify 部署

體驗 QRcode：